U0181800

Kranichflug
und Blumenuhr

花香与鸟语

解读自然之美的隐秘信号

[德] 彼得·渥雷本 ◈ 著　张影 ◈ 译

世界图书出版公司

北京·广州·上海·西安

图书在版编目（CIP）数据

花香与鸟语:解读自然之美的隐秘信号/（德）彼得·渥雷本著;张影译. —北京:世界图书
出版有限公司北京分公司, 2020.5（2023.4重印）
ISBN 978-7-5192-7359-0

Ⅰ.①花… Ⅱ.①彼… ②张… Ⅲ.①自然科学—普及读物 Ⅳ.①N49

中国版本图书馆CIP数据核字（2020）第040834号

© 2017 pala-verlag, Germany.
Concept by Olo Editions
The simplified Chinese translation rights arranged through Rightol Media
（本书中文简体版权经由锐拓传媒取得Email:copyright@rightol.com）

书　　　名	花香与鸟语:解读自然之美的隐秘信号	
	HUAXIANG YU NIAOYU：JIEDU ZIRAN ZHI MEI DE YINMI XINHAO	
著　　　者	[德]彼得·渥雷本	
译　　　者	张　影	
责任编辑	刘　虹　张建民	
特约编辑	兰红新	
装帧设计	贾梦瑶	

出版发行	世界图书出版有限公司北京分公司	
地　　　址	北京市东城区朝内大街137号	
邮　　　编	100010	
电　　　话	010-64038355（发行）64037380（客服）64033507（总编室）	
网　　　址	http://www.wpcbj.com.cn	
邮　　　箱	wpcbjst@vip.163.com	
销　　　售	各地新华书店	
印　　　刷	唐山富达印务有限公司	
开　　　本	880 mm×1230 mm　1/32	
印　　　张	9	
字　　　数	220千字	
版　　　次	2020年5月第1版	
印　　　次	2023年4月第2次印刷	
版权登记	01-2019-3939	
国际书号	ISBN 978-7-5192-7359-0	
定　　　价	49.00元	

如有质量或印装问题,请拨打售后服务电话010-82838515

目录

Chapter 4　雨、雪和冰雹

Chapter 1

寻找大自然的足迹

> 当我们全身心融入大自然中时，大自然和我们之间的关系就会变得前所未有地亲密。我们和周遭环境之间曾经断掉的联系就会重新建立起来。

如果你愿意走出门，到花园抑或附近的公园里走走，完全置身于大自然的环抱之中，就会发现，那里有成千上万大大小小的生灵正在悄悄变化着。这样的变化是如此地美丽而让人着迷。

在过去的年代里，人们要生存就必须认识和了解大自然的种种信号。那时的人们非常依赖大自然，对大自然的信号了如指掌。如今，我们被超市货柜上琳琅满目的商品弄得眼花缭乱，早已习惯充足的能源供给，买各式各样的保险来防身，曾经与大自然保持的联系早已不复存在了。这种现象在炎炎夏日尤其突出。当农民和护林人都在求雨时，城市里的大多数人却仅仅满足于天气预报里气象科技对一段时间的天气的预测资讯。城市居民常常对气候灾害一无所知,丝毫没有意识到干旱的后果。鉴于环境恶化和气候变化的现状,辨认和理解大自然的信号变得愈加重要。只有这样,我们才能弄清楚我们将失去什么。

沉浸在电视节目、广播节目和互联网世界里的我们,连抬眼看一下窗外都觉得多余,殊不知花园里发生的事情其实透露出了很多专业的信息。无论是晴天还是雨天,候鸟迁徙还是蚜虫危害,所有事情的发生都是可以被预见的,每个人都能在短短几分钟内捕捉到一些蛛丝马迹。如果还想了解得更仔细一些,你可以安装一个电子气象仪。这样的话,即使在起居室里,你也能了解实时气象资讯。

不过,如果你喜欢在花园里工作,喜欢亲近大自然,其实可以完全不用理会那些关于天气和大自然的预报。动植物,甚至无生命环境都能给我们带来很多提示,告诉我们周围即将发生的事情。不管是发布一则天气预报还是解释一种天气现象,不管是发生虫害还是季节更替,你都可以在花园里找到比新闻播报员播报的新闻还要详尽的信息。因为在距离你短短几千米的地方发生的自然现象,可能完全是另一个模样,产生的后果也截然不同。我们了解新闻播报,归根结底是为了对周遭环境做出正确的判断。

这本入门书可以帮助你解读周遭环境，特别是你花园里隐藏的海量信息。它能帮助你成为解读大自然的专家。以后，你就可以自己解答日常生活中的很多疑问，当你了解大自然背后的规律后，很多现象就变得一目了然了。

写这本书最重要的原因是分享花园带给我身心适度的放松和享受。用心去感受那些平常容易忽略的事物是一件多么美好的事情啊！预知天气和动植物世界的变化是一件多么令人兴奋的事情啊！当我们全身心融入大自然中时，大自然和我们之间的关系就会变得前所未有地亲密。我们和周遭环境之间曾经断掉的联系就会重新建立起来。

Chapter 2

明天天气如何?

其实云才是起关键作用的天气预言家。因为我们衡量天气好坏的标准取决于云的存在方式和它运输的"货物"：雨。

在德国，无论是电视还是收音机里的新闻类节目，末尾都会播报天气预报。天气预报常常比传说中的"预言"还要神奇，能预测一周的天气，准确率在70%左右，24小时天气预报的准确率甚至高达90%。反过来说，仍有10%的天气预报是不准确的。这是因为多变的天气根本无法被准确预测。然而，我比较反感有时天气预报拐弯抹角的表达方式，你肯定不愿意听到诸如"今天的天气变化非常大"这样的说辞。因此，你不妨自己看看窗外，通过一些迹象来判断云将飘向何方。日积月累下来，你就可以轻松地判断未来几个小时内的天气变化。

· 浓积云和晚霞

晚霞就是一个很受欢迎的天气预言家。如果夕阳西下时晚霞为赤红色，那第二天肯定是晴天。这正应了那句谚语："晚霞行千里。"晚霞形成的原因是西边的太阳光线透过大气层照射到了东边缓缓飘走的云上。德国的坏天气大多来自西边，因此，如果西边的天空晴朗无云，那就说明之后几个小时都是晴天。

朝霞预示的情况则恰恰相反。俗话说："朝霞不出门。"在大多数情况下，这句话是正确的。因为太阳从东边升起时，天空还很晴朗，它将西边飘过来的云照得火红，然后云很快会向东边扩散，布满天空，最后天气就会发生变化。

当然，凡事都有例外。在德国，如果这天吹的不是西风，而是南风或者东风，你就无法通过晚霞和朝霞来预测天气了。

你也可以通过风向来预测天气。在德国，西风带来潮湿的海风，通常伴随着云和雨水。因为云如同屋顶一样将地面与天空隔离开来，所以它也会影响气温。冬天，在厚厚的云层下，温度计的读数不会急剧下降，因为地球的气温几乎不会下降。如果这天吹的是西风，那么降雨的可能性就十分大。夏天的情况则相反，云隔离了大部分热量，因为它遮住了地表。

在德国，南风总能带来地中海甚至撒哈拉沙漠的温暖空气。在夏天，它会送来滚滚热浪；到了冬天，它常常带来狂风暴雨。当南风吹过中欧地区时，它会遇到从北边吹来的极地气团，而冷暖空气相遇会引发强对流天气。当然，寒冷的北风也是一样，它会在这里与冬季的暖空气相遇。

对德国来说，东风一般预示天气状况较稳定，晴空万里。少了云的庇护，四季对天气的影响都发挥到了极致。因此，夏天变得异常炎热，冬天变得极度严寒。

你可以旧物新用，用确定风向的风信鸡（即测量风向的鸡形仪器）来预测天气。你可以把它安装在一个十字架上，它会随风向转动。十字架的各个末端代表东西南北四个方向，分别用四个方向的英文首字母来标明。你也可以把风信鸡安装在你的花园里（或者房顶上）。风信鸡的鸡头总会指向风吹来的方向。如果安装无误，你就能够用它来判断风向（也可以用它来预测天气）。

其实云才是起关键作用的天气预言家。因为我们衡量天气好坏的标准取决于云的存在方式和它运输的"货物"：雨。如果大气层出现了低气压区，空气就会变得稀薄（就像泄了气的轮胎一样）。水分在稀薄的空气中无法完全溶解，最终形成了我们看到的云。

坏天气的第一个征兆是"人造云"，即飞机在高空飞行时产生的凝结尾迹。如果飞机飞走后尾迹没有消失，就说明潮湿的空气（和低气压区）即将到来。不一会儿，天色就会暗下来。

此时，你要参考的首要原则是：当云从与地面风向相反的方向飘来时，天气即将发生变化。当天空出现小小的高积云时，天气即将转晴。

当我们从下往上看时，可以通过云层的颜色来判断它的厚薄。淡积云是白色的，因为阳光必须穿过它才能照射到地面上。浓积云（塔状的积云）看起来是灰色甚至黑色的，因为云层中凝聚的水蒸气几乎挡住了所有的光线。这种云所处的位置越高，就越容易形成降雨，因为雨滴的形成需要经历两个过程。一开始，小雾滴凝聚在一起形成越来越大的雾滴，但是这个过程非常缓慢。接着天空就会飘起毛毛细雨，连绵不绝。这是淡积云的典型特征。大雨滴只能形成在较高的浓积云中，因为冰在其中起着一定的作用。云层的上方非常寒冷，水在这里会结冰。冰晶周围的水分会很快积聚在一起，因为它们一碰到冰晶就会马上凝结。这些冰晶变得越来越重，最终会落到地面上。在坠落过程中，冰晶又开始融解（因为越往下温度越高），进而形成很大的雨滴。由此可见，云层越厚，雨滴越大，每分钟的降雨量就越大。

每滴大雨滴都曾是一个冰粒或一片大雪花。如果雪花在下落的过程中没有融化，那么"下雨"就变成了"下雪"。从严格意义上来说，夏天也会下雪，只不过雪早在高空中就融化了，我们看不到罢了。

顺便说一下雪。你可以从它的大小和积量看出一些现象规律，基本规律是：雪花越小，天气越冷，雪积得越多。因为冷空气中几乎不含水蒸气，所以雪花无法变大。

大雪花预示着融雪天气即将来临。快落地前，雪花一直在积聚水蒸气，然后变得越来越大。天空有时还会下一团团的雪，但是这种壮观景象一般维持不了多久。这种厚雪花大多很潮湿，有很大的安全隐患。因为它们不会落到地面上，而会黏附在树枝或电线杆上，积起厚厚的一层。这种现象被称为"湿雪"。如果情况严重，它会压断树木和电线杆，甚至弄塌整个屋顶。

〉 盘旋的鹰

当阳光温暖大地时,近地面的大气层也会升温。温差自下而上形成。暖空气开始上升,因为它比冷空气轻,但是这并不能使空气变得均匀,流动的空气会形成一个直径为几百到几千米的透明管状气流。暖空气上升到高空中,冷空气从暖气流边缘经过,沉向地面。我们把这一过程称为热力环流。你可以间接观察到这种神奇的现象。当天气晴朗时,天空中只有几片卷积云,它们就位于暖气流的上端,因为它们在这里冷却,然后形成水滴。

你也可以通过观察盘旋的鹰来了解这一现象。它们借助上升气流向上飞,无须努力扑打翅膀就能飞行好几个小时。当然,它们只有处于暖气流时才能这样长时间飞行。当暖气流上升时(你可以从流动的云上看出来),鹰也会缓缓盘旋。候鸟借助暖空气可以毫不费力地飞到高空中去。我们常常能看到鹤突然开始盘旋,约15分钟后就能飞到上升气流上方再接着向上飞。

然而,如果坏天气持续的时间很长,这一切就不可能发生了,因为没有太阳,就没有上升气流。然而,迎风的山坡是一个例外,因为气团在这里会被迫转向上升,风中还夹杂着雨,此时鸟儿也会试图在这里借力向上飞。

你也可以通过堆雪人来预测天气。当天气变暖时，雪很容易黏在一起，被滚成一个球。因此，雪人也是春天来临的第一个征兆，除非很快又来一场寒潮。

让我们再回到云这个话题上。如果你看到地平线上有厚厚的云层飘过来，这说明雨（雪）天气即将来临。如果高空中的云像棉花球一样，甚至呈铁砧的形状（上方的浓积云会慢慢散去），那么暴风雨就要来了。暴风雨来临前，狂风大作，风力强劲得甚至能赶上飓风。当大雨倾盆而下时，风力在短短几分钟内又会减弱。

冷锋过境后，天气通常会变冷。低气压区（伴随着雨）会带来暖锋，冷锋随之而来。冷暖锋交汇会带来降雨，此时天气常常会短暂放晴。但只要冷锋还未过境，天气就不会完全好转。在低压天气完全消失之前，天空还会时不时地下起小阵雨。

特殊情况下还会出现大雾、露水和霜这类天气现象。无法再分散于空气中的水蒸气凝结成了雾，因为空气中的水蒸气已经饱和了。冷空气能容纳的水少，而暖空气能容纳的水多。因此，冬季常常会出现大雾天，而夏季大多晴空万里。吹风机的原理也在于此，它通过给头发间的空气加热来吸收更多的水分，从而使头发变干。

如果夜间温度骤降，空气就会因无法再留住水分而变得干燥。小水滴凝结成露水，如果温度低于冰点，就会出现霜降。如果你清晨看到门前或邻居房顶的砖瓦上结了霜，而且气温下降，那么今天的天气一般会很好。气温骤降是因为空气湿度较低且云层稀少。这些云层就像一条温暖的棉被一样，所以当它们飘走时，气温就会下降。

· 植物天气预言家

当晴天离开，门前充斥着低气压时，空气湿度就会慢慢上升。这是很多植物都不愿意看到的，因为即将来临的降雨会阻碍它们的繁殖。很多可以"旅行"的植物靠种子身上的小绒毛来传播，最轻的风就能将这些种子带去远方。然而，雨水会粘在植物的绒毛上，一场阵雨会将所有的种子从花朵上冲到母株植物脚下。这样植物就无法正常播种，开拓新的生存空间了。

鲜花也是同理。蜜蜂不会采集被雨水冲刷过的花粉，植物也就无法完成授粉了。如果空气变得潮湿，天很快就会下雨。对此，有些植物的花会采取相应的自保措施：将花瓣合起来。银蓟¹就是一个典型的例子。它的花很大，极具装饰性，上述现象在它身上表现得尤为明显。因此，它也被俗称为"天气菊"。即使风干后，这种植物也能预测天气，因为这是植物与生俱来的特性。当空气湿度增加时，银蓟的苞叶浸水涨大后就会直立起来。以前，德国人喜欢把这种现在已被保护

1　英文名称 Carlina acaulis，中文别名无茎刺苞菊。

起来的花挂在门口，用以预知何时下雨。

还有其他一些植物，它们的花朵也能预测天气，比如龙胆或睡莲。其他开花植物只能对空气湿度的变化做出反应，这种简单结构对水生植物来说毫无意义。睡莲一直生长在水里，但是它也能准确反映出天气的变化。你可以通过它来判断现在的气压变化（升高还是降低），或者了解天气是否会变得乌云密布。只有一点是确定的，那就是如果它的花瓣合起来，常常预示着几个小时后就会有一场降雨。

另一个我特别想强调的植物天气预言家是雏菊。它遍地开花，如果你的花园里还没有雏菊，我要建议你腾出一个小角落给它们。只要看一眼它黄白相间的花朵，你就能知道应该把洗好的衣服晾在室外还是室内了。如果大雨甚至雷阵雨即将来临，雏菊的花瓣一定是合起来的。有的雏菊甚至低垂着头，这样就不会有雨滴落到花瓣上了。每当晴空万里时，雏菊就会盛开。当然，只有在白天，雏菊才会盛开，因为雏菊和其他一些植物一样，会在晚上合上它的花瓣。

众所周知，雏菊的花开花闭其实是一种热能运动。它的科学解释是花瓣正反面的生长速度不同。花瓣正面的温度较高，因此它的生长速度比花瓣背面更快。在温暖的阳光下，花朵会盛开；而乌云密布的天气会使气温下降，花瓣的背面生长得更快，因此，花朵就会闭合起来。类似的情况也会出现在昼夜交替时。雏菊不停地对温度变化做出反应，花瓣也不断地生长，所以花瓣会逐渐变长。此外，你也可以通过花瓣的长度来区分它是"新花瓣"还是"老花瓣"。

有些彩色天气预言家的花朵却并无这种功能。在雨天，它们仍然开着花，雨水会把花粉和花蜜都冲刷下来。这也许是因为有些栽培品种已经丧失了原生植物本身的感应能力，也许是因为这些"独行侠"想要吸引那些不怕雨的昆虫来采蜜，在授粉过程中抢占先机。还有很多类似的奥秘等待我们去揭晓。

银蓟是优秀的天气预言家。

· 动物天气预言家

　　除了那些会对雨做出反应的动物外，还有一些昆虫会在雨来临前改变它们的行为方式。其中一种昆虫因其前后翅周缘有细长缨毛而得名"缨翅目"。这种身体微小的昆虫也被称为"蓟马"。它只有1到2毫米长，有狭长的翅膀。准确地说，这里的"翅膀"应该是"翅"，它使小昆虫能够在空中飞行。这种体型的昆虫在空气中受到的阻力和我们在水中受到的阻力大小相似。这种大小的阻力虽然不会让它们从空中掉下来，但是也无法让它们正常飞行。它们更像是在空中扑腾，动作很缓慢。除了闷热的天气外，它们还喜欢流动的空气。因为在这两种情况下，它们能更快地穿梭于不同的植物之间。这些情况（闷热的天气和扑面而来的风）的出现都预示着暴风雨即将来临，数百万只小害虫也会在此时向上飞行。因此，大量的蓟马出现在空中是暴风雨即将来临的第一个预警。

　　"燕子是天气预言家"一说颇具争议。俗话说，燕子低飞说明暴风雨就要来了。这是因为燕子正在捕食那些在草地上飞来飞去的昆虫。然而，科学家发现，事实其实恰恰相反。借助暴风雨前出现的上升气流，鸟能飞得比以前还高。农谚说"燕子飞向高处，好天气就要来临了"，这句话是有误导性的。

苍头燕雀给我们带来的是另一种信号：当坏天气来临的时候，它们的鸣声会发生变化。它们一般只是哼哼小曲，在我就读林业技术学院时，我们的生物学教授曾让我们背熟下面这句格言，即"那个帅气的陆军元帅不就是我吗？"。实际上，苍头燕雀绝大多数的鸣声都在表达这个意思，至少在太阳高照时是这样的。变天时，在积雨云密布天空甚至天已经开始下起雨来的情况下，苍头燕雀就会改变它们的鸣声，把鸣声变得很单调。它们在雨天只会发出简单的啾啾声。我们能否把小鸟看作天气预报员在科学上颇具争议。显然，它们一般在受到干扰时才会鸣叫，这里所说的干扰不仅限于暴雨声。我常常在老落叶林里观察这些苍头燕雀。我的出现对它们来说应该算是一个小干扰，但丝毫不影响它们继续高歌。只有在变天时，它们才会改变鸣声。你可以自行判断，在你家附近出没的苍头燕雀的鸣声是否真的能用来预测天气。

如果苍头燕雀的鸣声变得单调，说明天很快就要下雨了。

· 人类也能预测天气吗?

　　人类的身体可以感知天气变化其实是合情合理的。气压区之所以有高低之分,是因为这两种气压存在明显的差异。从高气压区来到低气压区,你会感到全身无力,像泄了气的轮胎一样。气压的测量工具是气压计,它的功能与加油站里的胎压计相似。我们身处在地球大气层中,就像待在一个巨大的汽车轮胎里一样。

　　有些人的体内似乎装着一个气压计。如果气压降低,他们的身体就会感到疼痛。描述这种病症的医学术语是"气象病"。然而,目前还没有明确的科学论证结果能够解释气候和人体健康的关系。有一种理论说,天气变化改变了人体细胞膜的传导能力。人体神经系统的感觉阈值降低,所以人更容易感觉到疼痛,尤其是那些身患急性病的人。

　　还有科学家将这种症状归结为冷暖气团的交汇,即干燥的暖空气与潮湿的冷空气发生了强对流。很多观点还未得到科学验证,但是有一点是确定的:如果有些人突然感到身体疼痛,这说明坏天气即将来临。当气压计的指数出现明显下降时,你要注意观察你的身体状况会发生怎样的变化。也许在不久的将来,对你来说,气压计这样的测量仪器就变成多余的了。

Chapter 3

今天是起风还是降温呢?

蜜蜂的理想体温是 35 摄氏度，如果室外温度高于
35 摄氏度，蜜蜂就只能待在蜂巢里。
这也是高温的一个信号。

我们的地球被一层柔软的气体包裹着，它就是大气层。它将我们
与宇宙辐射隔开，在理论上，大气层的厚度约为100千米，或者更薄。
因为随着海拔越来越高，空气密度会越来越小，所以在海拔几千米以
上的高处，有些人会感觉呼吸困难甚至无法呼吸。

正是这层脆弱的大气层让我们的身体免受宇宙辐射。遥远的恒
星和其他天体，尤其是太阳，让质子和原子核像灾难性的持续降雨一
般落到了地球上。要是它们直接落到我们身上，那么我们肯定撑不了
多久。还好我们不需要承受这些致命的辐射，因为大气层几乎将它们
完全过滤掉了。此外，大气层还缩小了巨大的昼夜温差。我们可以拿

月亮和地球做比较，月亮没有大气层，因此它没有缓冲带。到了夜间，这块荒凉的凹陷地上的气温会降至零下160摄氏度左右，而白天的气温又高达130摄氏度。

地球大气层的氧气含量高达21%，而氧气是一种腐蚀性气体。当然，"氧气是维持我们生存不可或缺的气体"这种说法不够准确。曾经有一段时期，地球上还没有氧气，只有水蒸气和二氧化碳可以供给呼吸。此时，地球上还未出现高等生物，蓝细菌是最能适应这种原始大气层的生命体。至少在它们呼出的氧气充满整个大气层之前，情况一直是这样的。氧气对菌群不利，但对其他生命体有益，这些生命体开始适应全新的环境，并在地球的发展进程中大量繁衍。这个时期距今已有24亿年之久，但如今在你看不到的隐蔽角落里，如深海底部，仍有菌类依靠氢气和硫（而非氧气）生存。

每天，我们都能在花园里观察到氧气的腐蚀作用。它能腐蚀金属，比如，你的锄头和铁锹遇到它就会生锈。因为很多岩石中都含有铁，所以它们也会生锈。因此，氧气能将石头和沙子染红。

然而，对动植物来说，空气也是一个重要的传播介质。种子借助风力飞到新的地方。对鸟类来说，大气层就是一个生态栖息地，它们在其中既可以长途飞行，又可以捕食昆虫。有些鸟类几乎完全生活在空中，只有在筑巢时才会在地面上停留。有时候，雨燕要不间断地飞行数月，甚至会在长途飞行时补眠，当然这个过程只有短短数秒。

此外，空气对其他事物来说也至关重要，比如天气。两极和赤道之间的温差使冷暖空气频繁交汇，最终形成了风。地球自转导致风向不断偏移和风力不断加大，因此，气团始终处于运动状态。气团中含有的水蒸气是由海洋和森林中的水分蒸发形成的，当这些水蒸气上升到高空中，到达一定海拔高度时，它们又会以降雨的形式重新落到地面上。海洋为我们带来适宜的气候和充足的降雨。雨带从西部（大西洋）向我们这个方向推移，给我们带来从海水中蒸发出来的水蒸气，滋润了田野和森林，补给了河流。这个运输过程只能通过运动的气团（风）来实现。

· 判断风速大小

    依靠如今先进的技术，有什么神奇的设备是人类造不出来的呢？在商店里，我常常在电子气象仪前驻足，它们采用最先进的技术制造而成，甚至能够测量风速并将测量数据通过无线通讯设备传到你的家中。这是否意味着通过这些设备，即使你足不出户，也可以了解花园里的状况呢？如果你想了解花园的温度，那么这样做的确没什么问题；但是如果你想了解花园的降水量和风速，那么这种做法有时就并不可取。因为这种设备只能测量它所在位置的情况。在花园里，距离你所在位置仅仅10米或20米的另一个角落的气象情况却截然不同。尤其是遇上暴风雨时，短距离内的温差极大，因为暴风雨常常伴有湍流。当龙卷风过境时，它所到之处的所有事物都会剧烈地摇晃，而它的左右两侧则安然无恙。去年7月就有一场暴风雨掠过我的林区。它生成了一场小龙卷风，导致森林里1公顷范围内的树木全部倒下，接着又突然停了。这种龙卷风非常少见，但是与它同源的小湍流却很常见，对此，花园主人早已习以为常了。

风速表测出的最大风速不够准确,使用你花园里的工具来测量风速是一种更好的选择。测量风速的理想工具是树,盆栽植物或太阳伞也可以。因为这些东西都可以被用作你判断风速的参照物。

通过在网上搜索"蒲福风级",你可以查看很多关于蒲福风级的知识,看到不同风力等级下的风速。除了对风力等级的介绍外,网上还有不同等级的风对房屋及其四周环境的影响的示例。例如,当风力达到6级(强风,风速为39到49千米每小时)时,你很难撑伞前行。通过这些建议,你可以很好地判断风速大小。

每日天气预报无法根据你的情况提供详细的建议,因为它的适用范围较广。如果要判断你家门前的风速,你就需要知道你的房子是位于空地还是遮挡物附近,房屋背面有一片小森林还是紧挨着其他房屋。你最好亲自观察一下,因为这有助于你更好地理解天气预报。我举一个例子,如果你的花园位于一座小山的斜坡上,根据我上面提到的判断标准,你就能发现,风力在风经过山时会有所减弱,一般会比预报的风力等级少1到2级。只要亲身实践过一次,以后你就可以更好地评估即将来临的暴风雨会给你的花园带来怎样的影响了。

风力影响的基本判断准则如下:当风力达到6级以上时,你应该固定住花园里那些容易倾倒的家具和盆栽植物,最后把太阳伞合上摆放在你的柜子里。当风力达到8级时，树下就变得很危险了，因为这时枯萎的树枝很容易被折断。此时，我肯定就不会再去森林里散步了，但是到空旷的田野上去感受一下大自然的"原力"也无妨。当风力达到10级时，狂风就会以100千米每小时左右的速度呼啸而过，这时你最好待在家里。因为这时云杉以及那些根系不稳的树木（如杨树）会被风吹倒。这不仅会对你造成直接的伤害，也会阻碍交通，让你等上许久。

我自己有判断森林损失的标准。当暴风雨停止后，我总是会望一眼森林小径，看看地上有没有被风刮倒的云杉。如果没有，就说明这个风力不具备危险性。然而，如果有树横倒在路中间，那么其他路上肯定也有类似状况发生，我就必须检查一下整个林区所遭受的损失了。在移除这些被刮倒的树之前，我建议你不要在森林里随便走动。

尽管有这样那样的预报，但是不确定性因素依然存在。因为起决定作用的不是平均受灾情况，而是横扫你花园的最强的暴风造成的危害。它可能比你预想的还要严重。如果你一整天都出门在外，保险起见，即使风力还小，你也应该对你的花园做好预防措施。

当风力达到10级时，根系不稳的树就有危险了。

· 生态温度计

　　只有气温适宜，我们才能生存。全球气温的极值在70摄氏度（伊朗东南部）和零下72摄氏度（西伯利亚）之间。德国的气候适中，气温在40摄氏度（弗莱堡市周边地区）和零下45摄氏度（阿尔高的冯腾湖）之间。当气温为21摄氏度且空气干燥时，我们的身体才会感觉非常舒适。这根源于我们的进化过程，因为人类的发源地是非洲大草原。

　　如今，你只能通过挂在墙上的电子温度计来测量气温，由此得知当前的室内温度和室外温度。然而，这些数值与你身体的舒适度无关，因为人体的温觉还取决于很多其他的内在和外在因素，比如，空气湿度有多大。当温度相同时，室内空气中包含的水蒸气越多，人们越容易感到寒冷。水比空气更能传导热量，因此水会让体温下降得更快。当我感觉室内太冷或者太热时，我只会看一眼温度计上的读数。对我而言，温度计只是用来确认我的温觉的普通工具，让我判断现在是否需要打开或者关闭暖气罢了。

动植物就没有这样的辅助工具，但是这对于它们来说也是多余的。和我们人类一样，每个物种都有自己的温度传感器，这些传感器决定了它们的行为。通过观察这些行为，我们可以倒推出相应的室外温度。

让我们从自然温度计刻度盘的最下方开始吧！你会发现，当温度在零下时，我们不需要任何提醒，因为我们只要看一眼冻住的水洼或集雨桶就明白了。

我们还可以通过一种小昆虫得知气温是否已经降到0摄氏度左右，它就是冬大蚊。人们对这种生物知之甚少，但至少我们知道，它们不会叮人。冬大蚊的血液中含有一种天然防冻物质，这种物质能帮助它们抵御寒冷。即使在冬日阳光较弱的时候，它们深色的甲壳和翅膀也能使它们迅速暖和起来。所以在2月，当温度刚刚高于0摄氏度时，这些小昆虫已经成群结队地在花园里翩翩起舞了。

如果气温再升高一些，在5摄氏度以上，蟾蜍和蛙类就开始出没了。尤其是在潮湿的春秋季夜晚，街道上随处可见它们的身影。

在过去几年里，我们总是能看到以下几种现象：4月天空湛蓝，果树开花，但是到处都看不到蜜蜂的影子。只有当温度在9摄氏度以上时，一些熊蜂才会出来勤劳地采蜜，它们关心的是那些丰富的花蜜。我也遇到过类似的情况。去年春天，我的小苹果树的花开得很旺盛，但是我很担心它的传粉问题，所以我立马买了两个蜂巢，希望给苹果树一次性备足传粉帮手。后来（当我成为养蜂人后）我才发现，只有当气温高于12摄氏度时，蜜蜂才愿意出动。要是天气再暖和些，野蜂或邻居家的蜜蜂早就飞来飞去了。

对其他物种来说，这个温度也是一个不可思议的临界值。举个例子，每到盛夏，草都生长得非常茂盛，草地是蚂蚱和蟋蟀赖以生存的地方。这些昆虫会在草地上举办上千次音乐会，但是，情况并不总是这样。因为只有当气温在12摄氏度以上时，它们才能发出整齐的鸣声。如果气温低于12摄氏度，你就无法听到这些小小音乐家的歌声了。现在你就有了第一条线索。只有绝对的行家才知道蚂蚱身上更多的秘密。作为冷血动物，蚂蚱无法自行调节体温，只有在天气非常炎热的时候，它们的身体才能达到最佳状态，肢体活动才会变得越来越快。根据种类的不同，蚂蚱能通过翅膀或腿发出啾啾声，在高温环境中，这两个部位越摆越快。蚂蚱也能根据气温改变它们身体发出的声音的频率，天气越热，它们发出的啾啾声就越急促。

蜜蜂的理想体温是35摄氏度，如果室外温度高于35摄氏度，蜜蜂就只能待在蜂巢里。因为蜜蜂在飞行时会产生额外的热量，所以在高

⟩ 防冻

当气温降到冰点以下时，很多动物都会遇到麻烦。哺乳动物和鸟类通过燃烧体内的脂肪来维持体温，当然，这一过程需要损耗很多能量。在秋季，这些动物要么通过捕食来增加体脂，要么提前为过冬囤积充足的食物。因为很多幼畜无法做到这一点，所以在大自然中，冬季也是关乎它们生死存亡的重要时期。有些物种会通过冬眠和把体温降到接近零摄氏度等方法来躲避低温危险。

这种做法对两栖动物或者昆虫等冷血动物来说根本行不通。与室外气温相比，两栖动物和冷血动物的体温下降得更快。霜冻时，如果不采取任何防护措施，它们的细胞就会爆裂。对此，不同物种采取的策略也各不相同。很多生物用它们小小的躯体就能防冻。霜冻时，水中结出冰晶。水晶粒子无法自行结晶成形，须要依附在诸如尘粒的微型物上。液体体积越小，其中含有的微型物越少。小蚜虫在低于零下20摄氏度的环境中仍能存活，不需要采取任何防冻措施。昆虫王国里体型大一些的代表如瓢虫或苍蝇则只能另寻他法。虽然它们可以清空肠子，排出尽可能多的晶核，但是它们的体液无法完全排出。因此，它们的身体会生成甘油，以此来降低体液的冰点。两栖动物这类更大的物种必须选择地表下层或深水层来过冬，否则即使它们采取了防冻措施，仍会被冻死。

我们熟知的蜜蜂在防冻方面采取的又是另一种策略。所有蜜蜂都会聚集在一个"冬团"中,通过振动翅膀来将核心温度保持在25摄氏度。这也是蜜蜂采集这么多花蜜储存起来的原因——这种取暖方法会让它们消耗巨大的能量。

温天气下飞行的蜜蜂很快就会过热。这也是高温的一个信号。

Chapter 4

雨、雪和冰雹

> 每片雪花都是一个小奇迹，都是独一无二的。它们的形状各异，地球上绝对找不到两片结构完全相同的雪花。

地球也被称为"蓝色星球"。宇航员能从宇宙中拍摄到地球的照片，从照片上看，它就是一个蓝色的球，上面装饰着白色的条纹。陆地看起来就是一个个偏棕色的地块。

尽管这早已不再是什么秘密了，但是从这种全新的视角看，地球显然就是一个水星球。地球表面超过70%的部分都被海洋覆盖，剩下约占29%的陆地看起来就像是岛屿。

这些生命所需的水也许来自彗星，它就像"脏雪球"一样在宇宙中滚动，偏离轨道后坠落到地球上。

流动的水是生命之源。对生命来说,水结成冰或蒸发变成水蒸气都不是什么好事。而在天文学中,冰点和沸点之间只有一条狭窄的温度带,幸运的是,我们的地球与太阳之间保持着适当的距离,生命也因此得以存活。

　　当然,这并不意味着其他星球上的生命只能在这个前提条件下生存。可以想象,在宇宙的其他地方,肯定会有其他液体能够代替水来维持生命。

　　由于史前时期出现过彗星冰雹,所以地球上现在有很多水,水常以雨的形式降落到地面上。对地球上的所有生物来说,雨都是不可或缺的。

· 没有雨不行

水是花园的"长生不老药"。在困境中，植物可以离开土壤，但绝不能离开雨水。因此，从本质上说，植物的生长取决于当地的年降水量。

水的循环常常需要经历一个漫长的过程。在烈日的炙烤下，远洋里的水蒸发到大气层中，在陆地上方温度较低的大气层中凝结，然后再重新落到地面上。在这里，我们可以说，雨就是液态的阳光。

然而，阵雨带来的不仅是在化学上被我们称作一氧化二氢（H_2O）的物质；同时，雨水的冲刷能让空气变得清新，将空气中的花粉、尘土或酸性粒子等各种悬浮物冲到地面上，为土壤补充养分，当然，其中也包含一些有害物质。

你可以注意一下大气能见度。在大雨冲刷后，大气能见度会变高，因为此时光线不再被由尘粒组成的薄雾遮挡着了。

· 下多少雨才够呢？

在我们这个地区，水是花园能否正常运转和庄稼能否丰收的决定性因素。当然，温度也起着重要作用。然而，水资源的利用率几乎是每一片绿地都会遇到的瓶颈问题。

冬季是储水的好时机。如果秋季和冬季降水丰富，土壤能储藏充足的水分，植物冬眠的时候就无须再补充水分了。如果土壤无法留住水分，这些水就会流到土壤下层，变成地下水。因此，你应该对寒冷季节里出现的"坏天气"感到高兴，因为在暖季，很多植物需要更多的水分供给，需水量远远超出雨季的降雨量。它们必须靠冬季储藏的水分来维持生命。

因此，你很难回答"下多少雨才够呢？"这个问题。首先，这个问题需要考虑气候条件，气候是潮湿还是干旱呢？如果气候潮湿，降雨量就比重新蒸发的水量要多得多；如果气候干旱，则恰恰相反。两种气候类型的界限同时也象征着从潮湿气候向干旱气候过渡。幸好中欧地区气候潮湿，只有一些地区（如莱茵河上游河谷地区）一年里有几个月气候比较干旱。

一般而言，降雨量比重新蒸发的水量要多。然而，这是远远不够的，因为现在我们面临的问题是，上层土壤能留住多少水分。因为只有储藏在这一层的水分才能被植物吸收，才能在夏季被重复利用。在"我的花园地表有哪些特点呢？"那一章，我们会进一步探讨不同的土壤类型分别能储藏多少水分。例如，沙质土壤会让很多水分流到下层土壤中，所以尽管地下水和降雨量都很丰富，生长在这种土壤上的植物也很快就会干枯。与之相反，即使在降雨量小的条件下，黏土也能长时间滋润植物。

德国的平均年降水量在500到1800毫米之间，也就是说，每平方米的降水量可达500到1800升。如果你想了解住所周围的平均年降水量，可以参照离你的住所最近的气象站给出的数据。气象站给出的平均年降水量数据几乎就是你花园的平均年降水量。为了更准确地掌握每次阵雨的降水量，你最好买一个雨量计。这种雨量计的塑料圆筒上刻有刻度，每条刻度线代表1毫米（1升每平方米）的降水量。

尽管你一直监控着花园的供水量，但是仍然无法确认你的花园是否足够潮湿。因为现在植被的最后一项功能开始发挥作用。

植物就像雨伞一样，能够阻挡一部分雨水。按百分比计算，雨下得越少，聚集在叶面上的雨滴就越多，这些雨滴不会落到地面上。只有当雨下个不停时，溢出来的雨滴才会从叶子上落到土壤中。植物雨伞功能的强弱取决于植物的种类，描述这种功能的术语是"截流"。

现在我们举一个不太恰当的例子：常绿针叶树（如云杉）的树冠枝叶茂盛，如果降雨量为10毫米（10升每平方米），雨水就几乎无法透过树冠浇灌到土壤中去。等太阳重新升起时，常绿针叶树的树冠吸收的这些水分又重新蒸发到大气层中去了。只有当你的雨量计数值明显上升时，土壤才能分到一些水分，但是常绿针叶树下的土壤常常吸收不到这些水分，因为云杉或者松树底下有很多枯针叶，它们形成了一层棕色的地毯。根据厚度不同，这层地毯至多还会吸收三分之一的水分。这就导致土壤变得更加干燥。所以在德国，云杉和松树一般只生长在降雨丰富的遥远的北方地区。

≫ 蜗牛：不易察觉的角色

当雨下个不停时，蜗牛肯定就在附近。老实说，我也不希望在园子里看到蜗牛。当菜园里新种的西葫芦或卷心菜没几天就消失不见时，当花园里的草本植物、多年生植物被啃食时，尤其当灌木刚长出的嫩叶被啃光时，我对这些食草昆虫的爱就荡然无存了。然而，我并不愿意与它们做斗争，只能将它们安置到园子的另一个角落，远离我的蔬菜。像其他任何一种生物一样，在生态系统中，蜗牛也有它的一席之地。蜗牛能帮助孢子植物繁衍后代，也能为刺猬和萤火虫、蜥蜴、鹆等其他生物提供营养物质。当用杀虫剂消灭蜗牛时，你也间接成了蜗牛天敌的杀手。在这个过程中，也许你会误杀像红蛞蝓这样的珍稀物种。红蛞蝓很稀有吗？没错。这种曾经数量繁多的物种在过去几年里变得越来越少，几乎没有人注意到这是外来物种入侵产生的后果。从法国引进的、名字具有误导性的西班牙蛞蝓已经遍及整个欧洲，它们与本地物种互斥。蛞蝓的繁殖速度极快，每平方米的西班牙蛞蝓数量呈倍数增长。它们的黏液很苦，刺猬不喜欢吃，所以它们的数量不断增长。令人气恼的是，它们的颜色非常丰富，从棕色到橙色都有，你很容易把它们和红蛞蝓混淆为同一种动物。因此，红蛞蝓变得越来越稀少，德国的一些州已经将它列为濒危物种了。

就算你说你是不得已才会用蜗牛喷剂杀害蜗牛的，但谁知道呢？也许你的花园恰好是濒临灭绝的本地食草动物为数不多的避难所之一。

　　显然，落叶树的树冠能让更多的水分流到土壤中去，而且它们到了冬天就变得光秃秃的，不会阻挡雨水。落叶树底下也不会有堆积成毯的落叶，因为落叶树的叶子比针叶腐烂得更快。

　　让我们来看看那些矮小的植株，如青草和苔藓。当降水量只有几毫米时，青草已经能够将水分输送到土壤中去了，苔藓会像海绵一样吸满水。与云杉的吸水情况相似，这些水分会重新蒸发回到大气层中。等降水量超过10毫米时，给植物供水就不成问题了。

　　空旷且寸草不生的土壤吸水能力最强，这种土壤总能很快将水分完全吸收。然而，留空土地并不能真正地防止土壤侵蚀。当然，你也可以种植一些吸水性强的植物。如果你曾问过："大黄的茎上为何有像漏斗一样的大叶呢？"你可以观察一下，下雨时，这些植物会发生什么变化。新长出来仍笔直挺立的茎用叶片来接住水分，目的是将这些水分输送到植物的根上。类似的植物还有很多（如蒲公英）。

一般而言，树叶还有一个功能，即减缓雨水的冲刷速度，使水分分布得更均匀。这点在落叶林上体现得尤其明显。俗话说，落叶林里的雨总要下两次。雷雨过后，风还会将雨滴从树叶上吹落下来，这一过程要持续好几个小时。所以急雨的雨势被减弱，降雨的时间被拉长，降雨量不会超过土壤的吸水能力。因此，根据土壤类型和植物品种的不同，降雨对土壤产生的影响也截然不同。

在你弄清楚你的花园是否供水充足之前，我还想再说一下降水量：10毫米的降水量听起来很多，实际上一场正常的阵雨就能达到这个降水量，这只不过相当于喷壶在蓄满状态下的水量。在炎热的夏天，这个降水量最多能够维持植物一周的水分消耗。一周后，你就要给它们补充水分了。如果菜园位于针叶树下，那么这个降水量只是沧海一粟。

因此，每次阵雨后，你都需要重置雨量计，否则读数会出错。让我们举一个简单的例子：当出现两次间隔时间为几个小时的降雨，每次的降雨量均为7毫米时，这些雨水都会流到针叶树的树冠上，而非土壤上。如果暴雨天的降雨量为14毫米，那么总共有4毫米的水量能流到土壤中去。

你可以看到，当植被阻挡水分流走时，降雨并没有被完全利用起来。有一个很简单的小窍门可以确定土壤是否补充了足够的水分：我们把腐殖质拨到一边，直到露出纯粹的土壤（在绝大多数情况下，腐殖质层只有1到2厘米厚）。现在你用食指和拇指将一小撮土牢牢地压在一起，如果土变成了一块薄片，这就说明它足够潮湿。如果你打开手指，这些土碎掉了，这就说明它已经很干燥了。

你可以在各式各样的场所做这样的黏合试验，在草坪上、菜园里或者树下。如果你在阵雨后、干旱时期等各式各样的条件下和时段内都做过这个试验，你就能大致了解你的花园的需水量了。如果再加上雨量计，过不了多久，你就能够自己评估雨水在各种条件下渗入土壤的量，或者是否有必要用喷壶为植物补充水分。

你可以通过目测来确定土壤被水分渗透的深度。深色潮湿的土壤很容易与位于它下方的干燥土壤分离开来。我喜欢利用鼹鼠窝来观测这个情况：当用脚把一小部分土壤拨到一旁时，我很快就能看出，下层土壤是干燥的还是潮湿的。

· 在雨水不足时，合理浇灌植物

当你用拇指和食指捏土壤时，如果土壤呈粉末状，就该浇灌你的花园了。尽管这个试验只能展示上层土壤的状态，但是在绝大多数时候，植物的根所在的深层土壤的湿度状况与上层土壤极为相似。底层土壤对浇灌植物来说没有什么意义。

你可以通过浇水给花园补充水分，也可以通过目测确定你的植物究竟需要多少水分，还可以做个视觉测试：用脚拨开一撮土，然后看看它下面的土壤是否又变得干燥了。如果土壤已经变得干燥，你就要给它多浇点水了。

有一件事绝对不要做，那就是每天浇水，因为这样植物会被淹死。你只要保证植物的根总能吸收到足够的水分即可。为了得到持续的水分供给，植物甚至会让根向上伸展到泥土表层；当水分供给减少时，根又会向下伸展。如果降雨量减少了，那你应该怎么办呢？植物把土壤吸收的水分用完后又开始缺水了！干瘪的树叶表明植物支撑不了几天就会缺水。

为了满足用水需求，植物的根都扎得很深。这样即使上层土壤已经干燥，它们至少还能获得一部分水分。在干旱时期，如果你想帮这些坚强的植物补充水分，那就应该浇灌得彻底一些，水量至少要达到20毫米（20升每平方米），大约相当于两喷壶的水那么多。用软管来浇灌更容易一些，但是你这样做仍然低估了植物的需水量。你可以通过一个测量试验来解决这个问题：用一个花园灌溉工具（喷头）给喷壶注满水，然后记录一下灌满喷壶所需的时间。这样你就能知道10升水全部从软管中流出来需要多长时间了，由此你可以估算出浇灌一片田地所需的时间。例如，你的花园的面积是30平方米，10升水从软管中流出需要20秒，如果浇灌的水量为20毫米（20升每平方米），整个花园需要1200秒，即20分钟才能完全灌溉好。

因为这样做你可以节约日灌溉水量，所以这不是一件费时费力的事情。通过这种方法，你可以模拟自然降雨的过程，也可以把水输送给植物的地下根。这样植物的根就不会拼命向上生长了。这种浇灌方式既能发挥这些植物的耐渴能力，也可以让你安心度假两周，而不用担心花园里的植物会枯萎。

· 动植物世界的变化

　　绝大多数动物和我们一样，对雨的感受就是寒冷、潮湿和浑身不适。如果有可能的话，无论是昆虫、鸟类还是哺乳动物，在雨天都宁愿待在某物之下。蜜蜂争先飞向蜂箱，乌鸦栖息在树上，把树叶当作避风港。小鹿在茂盛的灌木丛下躲雨。如果找不到避雨的地方，比如露天牧场上的马群，那么它们只能把头转向背风面，这样至少雨水不会打在脆弱的脸上。

　　蚯蚓的反应则完全不同。从它的德语名字"Regenwurm"来看，蚯蚓应该是喜欢坏天气的。然而，每次降雨时，它们都遭受着死亡的威胁。一种说法是，被它们当作家的土质管道里满是黏液（用以呼吸），最多可以到达地下 3 米。如果地下充满水，蚯蚓就会窒息而死。为了保住小命，它们会以最快的速度蠕动到地表。另外一种说法表示，雨的沙沙声听起来就像是鼹鼠在挖洞。鼹鼠是蚯蚓的天敌，因为它们很爱吃蚯蚓。

我个人更赞同第一个观点，因为在强降雨后，我们总能看到很多溺死在水洼里的蚯蚓。显而易见，这种身体细长的生物在水中会因为缺氧而无法存活。

此外，蚯蚓在它挖出的深深的管道里无法区分地面上传来的声音是谁造成的。因此，当你在花园里工作，待在一处的时间较长时，蚯蚓就会时不时地探出脑袋，出现在你的胶鞋之间。这种行为正应了那句格言：宁愿多检查几次，也不愿错过最佳时机。

除了雨之外，还有一个东西是所有花园主人都害怕的，那就是蜗牛。这种栖息于潮湿地区可以分泌黏液的动物要是在太阳下待一小会儿就会被晒干。因此，晴空万里时，它们一般会待在潮湿、阴暗的隐蔽处，如肥料堆里。一旦到了夏半年，当空气变得潮湿时，这种害虫就开始行动了。它的天敌蝾螈、蟾蜍和青蛙也开始活动起来。如果我在雨夜带着我的可卡犬出去遛弯，就必须注意脚下，以免不小心踩到这些小动物。

此外，暴雨天是观察大型动物最好的时间。因为它们活动得越多，我们就越容易发现它们。一下起倾盆大雨，它们跟我们一样，会急忙找地方避雨，大多在树下或灌木丛下。等雨势减弱，或者暖阳出现后，这些怕雨的生物才会重新回到空地上，在阳光下烘干身体和取暖。

雷雨后，天空一放晴，小鹿就会到处出没，它们是很多住宅区的常客。因此，在雷雨天气，你无须取消散步的安排，只要推迟到雨停即可。这样你一定能收获一场印象深刻的自然之旅。

下雨时，植物也会发生变化。你可以通过一些植物来预测天气（详情参见"植物天气预言家"部分）。还有一些植物发生的变化可能会误导你，但这些变化看起来十分有趣。

云杉球果或松果就是一个典型的例子。在学习自然史时，儿童已经被告知，这种球果就相当于一个小小的气象站。在温暖干燥的天气，它们打开种鳞，撑开身体；到了雨天，它们的种鳞又合起来，身体会变得狭长。这是正确的，但是球果对天气状况的反应比较滞后，因此，只有在天气的干湿情况变化后，你才能观察到它们的变化。我们无法使用这些球果来预测天气。

植物的清洁度也会发生变化，而这是一个重要的变化。叶子的功能类似太阳能电池，为了更好地发挥作用，叶子的表面必须光洁明亮。空气中有很多尘土，日积月累，它们会落到叶子上。这会使植物的生长速度变得越来越慢。只有当下一场雨来临时，雨下得越大，叶面被冲洗得越干净，叶子的作用才能完全恢复。

暴雨会压弯植物，这是它带来的一个典型后果。如果你发现在空旷的田野里，整个草地和庄稼地里的作物都了无生气，又或者花园里你精心呵护的太阳花低垂着头，请不要慌张，它们肯定是缺肥了。绝大多数的植物天生根系稳固，可以安然度过强降雨天气。我们的栽培植物在培植过程中通过施肥或堆肥的方法得以加速生长，这导致它们的茎常常会过长而木质化不够，根系也不够发达，因此栽培植物的根系不稳。当遭遇较强的冲击力时，它们难免会倒下。

当雷阵雨来临时，很多显花植物都合上了它们的花瓣，防止花粉和花蜜流出。接着，在下一个晴天出现时，它们会重新开花，吸引昆虫来采蜜。如果花粉和花蜜被雨水冲掉，显花植物就无法繁衍后代了。这对一年生植物来说尤为痛苦。

在种子发芽成型后，很多植物的情况又变得完全不同了。有些植物渴望下雨，因为雨水能冲刷它们的种子，并将它们带到新的栖息地。通过这种方式播种的植物被称为"雨植"（Regenschwemmlinge）。这种播种方式对驴蹄草来说意义重大，因为通过它的德语名字"Sumpfdotterblume"，你就可以看出，它喜欢待在水里（在德语里，"Sumpf"代表沼泽）。花园里另外一种常见的植物叫常春藤婆婆纳，它也喜欢借助强降雨来播种。

有时候几滴雨就能够帮助植物进行播种。夏枯草也是花园里的常住居民，在雨天，它的花序在短短几分钟内就能抽芽。只需要一滴雨打到小叶子上，藏在最里面的种子和植株就会分离开来。

· 冰雹环流的启示

除了闪电外,雷雨还会带来一个最可怕的东西,那就是冰雹。我仍然能回忆起我们这个地区在7月发生的一件事。当时,冰雹下得很大,树上约70%的叶子都被打落到了地上。我们的菜园里一片狼藉,小路上都堆满了树枝和落叶。菜地旁有很多手推车都倒在了肥料堆里,秋季收成惨淡。这场自然灾害带来了许多不良后果,而它的力量让我叹为观止。

冰雹粒是由雷雨云中的水滴积聚、凝固而成的固体。这个小团块一般很快会变得很重,以小冰雹粒的形式掉到地上。然而,布满天空的雷雨云中充溢着强烈的上升气流,上升气流有时还会将这些冰雹粒再向上掀到几千米的高空中。这样就会有越来越多的水被冻住。当云层上空的风力减弱,冰雹粒又重新掉到暴风雨肆虐的地区,然后重新被卷上高空。雷雨下得越大,上升气流越强,冰雹粒上下活动得越频繁,冰雹粒坠落到地面的时间就越长。等到冰雹粒太重以至于无法悬在空中时,它们才会砸到地面上。小冰雹粒砸到地面上就融化了,将一大滩水溅到草地上。大一些的冰雹粒（足球那么大的冰雹粒）到了地面上仍然呈冰块状。幸好绝大多数的冰雹天气都处在可控范围内，一般冰雹粒只有豌豆或樱桃大小。

　　每个冰粒短暂的发展史早已被记录在它的脸上。大一些的冰粒在雷雨云中悬浮的时间较长，而小一些的冰粒悬浮时间较短。如果你再仔细观察一下这个冰粒（最好把它们切割开来），你会看到一个分层结构，就像树的年轮一样。和年轮的功能相似，这些环层透露出了冰粒的形成过程。冰粒在雷雨云中经历1次上下浮动就会形成1个环层。5个环层就意味着它们在浓积云中经历了5次大起大落。从中你也可以看出每次大起大落持续的时间。如果它们向上运动的时间较短，冰雹粒上就会留下一个细长的环层。树的1道年轮代表它1年的生长过程，而冰雹环层则有所不同，1个环层记录了冰雹粒1次飞速运动的过程。

　　特别强的上升气流能使冰粒悬浮在半空中，冰粒上下浮动，凝聚成厚厚的冰雹粒。这样的冰雹粒就不会形成冰雹环层。

　　从我的个人经验来看，冰雹粒的直径如果有1厘米长，对我们来说，它就很危险了。因为当冰雹粒变大时，它的降落速度也会变快。尽管小冰雹粒会砸穿几片叶子，但是植物能迅速恢复过来。当冰雹粒的直径达到2厘米时，它就会给我们的汽车等物品带来危险，因为这样大小的冰雹粒会破坏车身和车玻璃。

最后，我还有一个建议：当雷雨夹杂着冰雹来临时，你最关心的肯定是你的花园能否安然无恙，你可以在检查房屋和庭院的时候拿一些冰雹粒包好放到冰柜里，过段时间再静静地观察一下它们有什么变化。

从冰雹粒的横断面上，你可以看出它激动人心的发展史。横断面上的1个环层代表它在雷雨云里经历了1次大起大落。

· 雪和霜

每片雪花都是一个小奇迹，都是独一无二的。它们的形状各异，地球上绝对找不到两片结构完全相同的雪花。

雪对保持你花园的水分平衡发挥着重要作用。冬季是给土地补充水分的大好时机。在夏日炙烤下早已干涸的大地终于可以获得雨水的滋润，且没有和它争水的植被。因为所有植物都处于休眠状态，一年生植物早已死亡，所以雨水可以完全浇灌到土壤里，到达土壤的最下层，除了那些位于常绿针叶树下的土壤之外。只要气温在冰点以上，这个过程就会畅通无阻。持续数日的雨雪天让道路变得湿润，泥泞的花坛是花园丰收的保障。这么看来，你应该为每一个坏天气感到开心。雨水永远不嫌多，因为自2003年的干旱起，各地的地下水储装置就没再蓄满过。

有时这个补充水分的好时机会被霜冻破坏。当霜冻持续数日之久时，有好几厘米厚的土壤会被冻结。如果天气变暖，降雨就会变得频繁。雨水无法通过霜冻层，未经利用就流到下一个壕沟和下水道里去了。

如果出现积雪，情况就大不一样了。白色的雪花就像绒毛一样，它们能留住很多空气，是防寒的最佳选择。雪堆积得越厚，防寒效果越好。雪使土壤在气温低至零下10摄氏度时也不会结冰。如果气温回到0摄氏度以上，雨就能和积雪融化变成的水一起滋润土壤了。

在出现黑霜且未下雪的天气里，没有雪的庇护，植被根本无力抵抗严寒。土壤结冰的速度会加快，植物会枯萎。柔弱的植物只有盖上由云杉枝或无纺布制作而成的防护罩并定期浇水才能避免被冻死。

Chapter 5

太阳、月亮和星星

流星会导致天空下起连续不断的尘埃雨。这场宇宙雨对地球来说意义重大。因为大部分水都是彗星等天体在史前时代砸到地球上形成的。

如果天公作美，我们每夜都能在花园里观测到最大的自然界奇观：星空。我有段时间爱好天文学。与用天体的位置来预言未来的占星术相比，天文学探讨的是宇宙中的自然科学现象。

放眼一望无际的宇宙，你就会发现我们这艘名为地球的宇宙飞船究竟有多么渺小和脆弱了。光是夜空就值得你好好研究一下。

我特别感兴趣的一点是，我们在夜空中看到的只代表过去，因为恒星（比如太阳）距离我们非常遥远。它发射出来的光即使不需要数千年，也需要数百年才能被我们看到。其间星星早就改变了它的位置，或者发出更亮的光，甚至早就消失了。占星师用来预言未来的星座位置早已发生了变化。未来究竟如何呢？只有天知道。

你如果有一台相机，并将它的曝光时间调成几分钟，就有可能拍到地球自转的照片。你可以把相机装到三脚架上，把镜头对准一处夜空，最好将相机朝向北方。曝光时间越长越好，甚至可以设置成几个小时（有时你必须先按一下遥控快门开关，然后再按一下，快门才会被激活）。照片呈现出的星星的运行轨迹呈曲线状，因为当你在摄影的时候，地球（和你的照相机）的位置已经离星星越来越远了。相机的曝光时间越长，照片记录下的星迹越长。

· 寒夜和星空

　　如果天空清澈,你在黑夜中仅用肉眼能看到的星星就多达3000颗。顺便说一下夜晚:难道不是每个夜晚都漆黑一片吗? 在城市里,你只要沿着光线充足的街道走一下,就能清楚地认识到人造光源带来的干扰了。在满月时,你观察星星的视野也会受阻。

　　究竟什么时候是夜晚呢? 当太阳落山时,黄昏降临。黄昏的光线把我们笼罩在一片曚昽中。此时,太阳已经落到地平面以下了,它的余晖照射到大气层中,折射到没有光的地方。这种间接的照明会逐渐减弱,直到天空变得一片漆黑。根据季节的不同,落日的余晖需要1到2个小时才会消逝。直到那时,那些光线最弱的星星才能被看见,银河才会展开它银白色的丝带。在6月这个一年中夜晚最短的月份,这个黑暗时期只能持续4个小时。

　　现在让我们回到星星这个话题上来。星星是距离我们很遥远的类似太阳的星体,远到我们用焦距最大的望远镜也只能看到一个个小点。当你的眼睛已经适应黑暗（并能在黑暗中待30分钟）时，这些小点看起来还会有点不同：它们看起来是彩色的，根据光线种类和温度的不同，星星会呈现出红色、蓝色、黄色和白色几种颜色。

冷（暖）锋过境后，当天突然放晴时，你可以看到满天繁星。被雨水冲刷过的空气变得很清新，一尘不染。如果你在夜里能看到这样晴朗的天空，就说明明天夜晚温度会骤降。因为缺少了云层的庇护，上一次降雨蒸发的湿气会迅速冷却近地面的空气。

在晴天，常常会有一层薄雾笼罩在空气中，它首先会掩盖地平线附近的星星发出的微弱的光。在这种情况下，如果能见度较低，天空雾蒙蒙的，就说明第二天是一个好天气。

银河也有它独特的魅力。我们所有人都是数以亿计的恒星组成的巨大旋涡星系中的一部分。银河看起来就像一个铁饼，其外部有围绕着中心的环形条纹。如果你眺望一眼银河，就会在银河的内部看到铁饼的横断面，因为我们的太阳系位于其中的一个旋臂上。

银河的名字源于它模糊不清的外表。实际上银河是由无数颗星星组成的，但这些星星距离我们太远了，所以它们的光就变得模糊不清了。我们用肉眼只能依稀看到银河中距离地球最近的3000颗星星。

我们的太阳系（包括你和我）与我们附近的星星一起以270米每秒的速度在一个巨大的环形轨道上围绕着银河中心旋转，这个速度相当于100万千米每小时。当你在一个幽静的夜晚望向天空时，就会发现，实际上一切事物都处于高速运转中。

· 流星和"宇宙雨"

流星体是最小的天体，人们将流星体以几十千米每秒的速度穿入地球大气层而产生的发光现象称为"流星"。在西方国家，很多人认为流星是幸运的象征，直到今天，西方国家仍保留着这样的风俗，即如果你看到流星，就一定要许个愿。

流星体一般是小尘粒、石头或金属物体。它们在宇宙飞行时冲进地球大气层，然后燃烧发光。根据流星体的大小不同，它的燃烧时间长短也不同。当地球公转到彗星的轨道附近时，彗星轨道上残留的尘粒会受地心引力的吸引而冲进地球大气层，形成流星，这时就是你观测这些天体的绝佳时机。因为彗星看起来就像"脏雪球"一样，其固态部分是由冰和不易熔解的物质混合而成的。在太阳附近时，冰会熔解，尘埃和气体组成了彗星的尾巴。这个尾巴就是彗星燃烧的灰烬。最有名的"相遇"总是发生在每年8月上半月，即地球公转到斯威夫特–塔特尔彗星轨道附近时。在那时，你每小时可以观测到上百颗流星体。

当然，在现代，人们很容易把流星体和卫星这种人造航天器混淆。当卫星像小点一样划过夜空时，它们会被太阳的光照射到，然而当你看第二眼时，你就能把它和流星体区分开来了。一方面，与一闪而过、快速燃烧的流星体相比，卫星的运行速度较慢；另一方面，因为能看到它们的时间很长，所以你很容易观测到卫星的轨道，直到它们在地平线附近消失在云雾中。

流星会导致天空下起连续不断的尘埃雨。这场宇宙雨对地球来说意义重大。因为大部分水都是彗星等天体在史前时代砸到地球上形成的。光是小小的流星体每天积聚起来的总质量就能达到10000吨，其中也有一小部分流星落在了你的花坛里。

· 月相

　　探讨月亮和园艺师的著作有上百本,因此我们不妨换个角度探讨这个问题。毋庸置疑,月亮会对地球上的生命体产生影响。潮汐就是一个典型的例子。月亮和地球围绕着同一个质心旋转。月亮会拉高海平面,所以海浪会掀起一个约30厘米高的波峰。当月亮转到地球另一边时,就会对海面产生一个离心力,海面就会形成第二次波峰。这个效果与旋转木马相似。因为地球每天都在自转,所以波峰也在旋转,它总是转向月亮并在背对月亮的地球另一端向远离月亮的方向运动。当波峰出现时,水会被掀得很高,冲到海滩上又退回到海里。近海的海床不断升高导致海水积聚,根据不同的地貌,小波峰能高达几米,所以在涨潮时,北海海岸边就有几千米宽的泥滩被海水淹没。

　　你的花园肯定没有建在潮汐地区,那月亮就不会对它产生影响了吗?月亮不仅能移动水,也能移动地壳。白天,在你毫无察觉的情况下,你的花园会上下移动约60厘米。这种运动是大规模进行的,而且它的发生也是有规律的,只有精密的仪器才能测量出这个运动数据。

正是因为有这样的作用力,所以一些海洋生物在产卵时会以月亮作为时间参考。这样做的好处是,那些偷猎者不会吃掉它们全部的卵。根据月亮周期的不同,月亮有满月、弦月或新月(即月亮看起来一片漆黑)之分,这些海洋生物会从中选择某一种月相出现的时间来繁衍后代。

在我们花园的土壤中,也有生物把每天发生的上下移动当作时钟来参考,这难道不是一件不可思议的事情吗?昼夜交替或年份更替为地面生物制定了规则,但它对距离地面1米以下深度的生物而言就不再具备什么意义了。那么成千上万种生活在土壤下层的生物怎么规划它们的生活呢?也许潮汐是这些小生物唯一可以参照的"时钟",当然,这还有待考证。迄今为止,仍有数不清的生物等着我们去发现乃至进一步研究,在未来很长一段时间里,这些生物的习性仍是一个未知数。

月亮对人类的影响仍富有争议,但如果你的花园每天都在上升/下降,而你的身体机能却完全不受影响,这是难以置信的。想想"月"这个字,自原始时代起,我们就一直根据月亮来决定我们的行动。复活节的日期就是根据月亮来确定的(复活节在春分月圆之后的第一个星期日）。月经（周期在28到35天之间，月亮周期为29.5天）是否会受到天体影响，我们无从考证。至少以前人们是这样认为的，因为"月经"这个词就是由"月份"和"月亮"两个词衍生而来的[1]。

1 "月经"（menstruation）一词源自拉丁语"月份"（mensis）之意，也源
   自希腊语中的"月亮"（mene）一词。——译注

· 行星

　　"我的爸爸每个星期天都给我介绍九大行星"（Mein Vater erklärt mir jeden Sonntag unsere neun Planeten），我们曾用这句话来记忆行星名称和它们在太阳系中的排列顺序（德语的句序代表了行星的先后顺序）。这句话中每个单词的首字母就是九大行星的首字母。从中我们可以知道，根据距离太阳由近到远的顺序，围绕太阳系运转的行星有水星、金星、地球、火星、木星、土星、天王星、海王星和冥王星。很多科学家认定，冥王星已经不属于行星了：因为它实在太小了。当人们发现其他相似大小的天体时，他们会将这些天体统称为"小行星"，相比之下冥王星这个名称已经好太多了。

　　当然，这些小行星并不是完全无害的。2011年末，有一个直径约400米、代号为"YU55"的天体从地球附近飞过，它与地球的距离比月亮与地球的距离还近。从宇宙维度上看，它几乎与地球擦肩而过。要是它砸到地球上，肯定会毁掉一大片区域。

我们无法通过肉眼看到全部的银河天体，但是我们至少能看到水星、金星、火星、木星和土星。

与那些像太阳一样发光的恒星相比，行星一般分为气体行星和岩石行星两大类，它们都被恒星照亮。在天空中，我们只能看到我们所在的太阳系中的行星，因为其他行星距离我们太远了。从视觉效果上来说，这些行星早已与它们围绕着的恒星融为一体了。

其实我们很容易就能将行星与恒星区分开来。一般而言，恒星特别亮，而行星的运行轨迹是固定的（位于白天太阳经过的地方的附近）。显而易见，你绝不会看到位于北方的行星，除了一个特例：如果你在南半球（如澳大利亚）观测天空，一切都正好相反，太阳和行星都位于北方。

你也可以通过恒星闪烁的光将其与行星区分开来。在大气的扰动下，恒星有时会一闪一闪的，但是行星始终都会平静地发光：由于与地球的距离不同，恒星看起来就是一个非常小的光点，而行星从望远镜里看就像一个小圆盘。行星的光线更宽，不会被小的空气湍流扰乱。

由于行星与地球相距甚远，它们也许不会对地球上的生物产生什么影响。所有行星的引力加在一起也只能达到月亮引力的百分之一，它们产生的影响小到无法测量。

⬈ 致晚起者的花香

不同植物的开花时间不同。这样昆虫就不会来不及采集花粉，各种各样的花也可以更好地繁衍后代。在商店打烊后，有一种飞虫会成群结队地飞到各个植物上，它就是夜蛾。它们也会感到饥饿，也喜欢啜一口花蜜。夜蛾给了在夕阳西下后才绽放的花朵一些机会，避免了植物需要大量供应花蜜才能"胜出"的激烈竞争。实际上，有些植物就是这样做的，比如源自北美的月见草。它们在夜幕降临时才开花，散发出香味，于是夜蛾就会被这种芳香吸引过来而飞到它的浅黄色萼片上采蜜。

活跃在夜间的植物大多开黄色的花，天黑时，你仍然可以清楚地看到它们。并不是所有这类植物都只在夜幕降临时才开花。德国本土的肥皂草白天也会开花，但是只有在夜间，它才会散发出迷人的芳香。草夹竹桃也是这样，它们鲜红的花朵在夜间格外芬芳。

如果你愿意在温热的夏日夜晚到花园里坐坐，你可以在座位周围种上一些像这样在夜间开花的植物。这样做的好处就是你可以在对这些害羞的植物的观察中收获乐趣，尤其是那些迄今为止你还没见过的植物。

Chapter 6

太阳高度和白昼

鸟儿究竟为什么要歌唱呢?

实际上, 鸟儿鸣叫与狗抬起后脚在最近街道的柱子下尿尿的目的有点相似, 它们这么做都是为了划定领地。

除地球以外, 太阳是对我们来说最重要的天体。它的光线需要历时8分钟才能到达地球。这是必要的, 因为太阳距我们有1.5亿千米远。如果地球距离这个火球太近, 它就会面临和水星、金星一样的命运:所有的水都会蒸发, 生物无法生存。

太阳上每秒就有5到6亿吨氢气在燃烧, 辐射由此产生。然而, 你不要担心, 尽管这一过程消耗的氢气很多, 但太阳上的氢气储量仍够用几十亿年。

太阳究竟有多大呢？也许我们需要通过一个模型来说明。如果地球的大小如樱桃，那么太阳的直径就有1.5米，距我们就有150米远。

在天空中，太阳表面就像月亮一样很好辨识，因为两者看起来就像两个大小相同的圆盘（纯粹从视觉上来说）。然而，太阳的光线太刺眼，我们无法长时间直视。这真可惜，因为太阳表面会发生很多肉眼可见的变化，不仅仅是夺人眼球这么简单。你可以看到太阳黑子，它就像胎记一样，将黄白色的光打在我们的地球上。在告诉你怎样安全地观察这一自然景观前，我想先说说太阳黑子的意义。

黑子看起来很暗，因为在太阳表面，它们所在的区域要冷一些。黑子是太阳剧烈活动的标志：黑子越多，太阳的光束越多，我们就会感到越温暖。太阳黑子周期是一个长期的过程，在这一过程中，黑子的数量不断增加，等到整个过程结束后，它们又会逐渐消退。太阳黑子周期一般持续11年之久——当然太阳并不总是遵循这一规律。上次太阳黑子活动周期从2007年12月开始，在那之后，太阳黑子已经很长时间没有剧烈活动过了。太阳表面没有任何斑点，这么多年后，我们几乎看不到什么太阳黑子。专家推测，太阳照射的时间在不断减少，下一次太阳黑子周期活动会变得更弱，人们平均能观测到的黑子数量就更少了。

这种现象产生的后果你肯定已经知道了。过去几年一直是寒冬。天寒地冻,河流湖泊结冰,德国铁路也遭遇了冰冻灾害,成列的火车都受到不同程度的冰冻。所有这一切都是太阳黑子许久未出现造成的后果。寒冬很有可能还会持续下去。长时间的气候变暖加剧了温室效应,从而使气候变化出现了停滞。

现在让我们回到花园这个话题上。通过简单的工具,你就可以自己观测太阳的剧烈活动。你只需要一台望远镜和一张纸。提前说一点:绝不能直接用望远镜直视太阳,因为不出几秒,你的眼睛就会被灼伤。在这个实验过程中,望远镜应该被当作幻灯机来使用。然后,你就可以完好无损地在投影面,即纸张上观测太阳的图像了。你应该将望远镜放置于纸前,朝着太阳旋转纸张的正面(就像你在透过纸看太阳一样)。经过几轮调整,你就能将望远镜里的太阳图像投射到纸上了。首先在纸面上呈现出来的是一个光斑,这就是你通过望远镜的小齿轮聚焦到玻璃镜片上的光斑。现在你只要在纸上观察太阳就行了,也可以通过这种方法观察太阳黑子。使用三脚架观感更好,但是三脚架的调试难度也更大。这里我需要再强调一次:千万不要通过望远镜直视太阳。

如果你经常观测太阳黑子和太阳活动,你就能了解下一次冬天到底有多寒冷(太阳黑子越少,天气越冷)。

你可以通过望远镜将太阳黑子投射到一张纸上。

（注意：千万不要通过望远镜直视太阳！）

· 白昼长度

地球自转（每24小时完成1次自转）形成昼夜，这听起来没什么新意。然而，当我们说到太阳轨迹时，好像我们还处在最黑暗的中世纪。我们描述日升日落，常会说太阳在天空中的"运动轨迹"是东升西落。一个外星人可能会认为，人类仍旧相信太阳围绕着地球旋转。当然，我还是会保留这种表达方式，因为它终究是我们语言的组成部分。然而，我想邀请你做一个关于太阳升起的小实验。你看看东方，记住太阳的方位。你会发现，并不是太阳在上升，而是我们脚下的土地慢慢朝东方倾斜向下。每次做这个实验，我都有明显的感觉。然而，这种观察方法与传统的观察方法不同。夜晚太阳落山时，我们也可以采用同样的观察方法，只是因为地平面在不断升高，所以你才无法看见太阳。

蚂蚁园丁

当春天来临时，除了多年生植物外，一种不受欢迎的小爬虫也苏醒了，它就是蚂蚁。毫无疑问，蚂蚁很烦人，因为它蜇人很痛，而且它还很喜欢饲养和保护蚜虫。然而，我们也常常忽略蚂蚁的益处。这种能够建立自己王国的昆虫可以疏松土壤，将土翻得细碎，提高植物的生根能力。此外，蚂蚁对很多植物来说不可或缺还有一个原因。

你也许曾问过自己，为什么有的野花会在你的花园里迁移并肆意生长呢？它们在你的花园里待了好几年，突然在另一个角落里生根并开始扩散。这些野花通过蚂蚁来完成播种。为了取得蚂蚁的信任，植物也会给它们一些小恩小惠。每一粒小种子上都有一小块富含脂肪和糖分的油质体，昆虫可以将它与水一起吞食。蚂蚁扛着种子回家，吃掉植物奖励它们的这层油质体，然后把种子运到70米远的地方再扔下它。这样两者就实现了共赢，蚂蚁填饱了肚子，植物也能传播种子。

通过蚂蚁播种的植物主要有野草莓、森林紫罗兰、熊葱、短柄野芝麻和勿忘草。

· 手表和地方真时

你的手表与大自然有什么关系呢？其实两者没有什么关系，在这里我想简单聊一聊这个话题。

手表可以用来确定太阳的方位。这也是时针在表盘上从左向右旋转的原因，就像我们的中央恒星是自东（以太阳在天空中的位置作为参考，东边指的是太阳左侧的天空）向西（太阳右侧的天空）移动那样（单纯从视觉角度上看，实际上是地球在转动）。

因为你在手腕上戴的是一个天文学测量工具，所以你的手表也可以用于其他用途。比如，你可以借助手表来确定地理方向。当你把时针朝向太阳时，南方永远在时针指的方向和12点钟中间。（夏令时的时间比冬令时的时间提前1小时，南方就在时针指的方向和下午1点钟中间。）

　　12点时，太阳正好位于正南方位，此时它到达天空的最高位。因为时间是一个中点，所以时间肯定存在误差。地球是一个球体，当柏林的太阳刚刚到达天空的顶点时，等它到达距这里约450千米再往西的科隆，还需要地球再转好一会儿：这一过程需要26分钟。这种时间被称为"地方真时"。每个地方的地方真时都不相同，但是国家不适合采用地方真时，否则就没有人可以互相约定时间或制订飞行计划了。

　　欧洲中部时间弥补了这个缺陷。这个标准时间只是以德国和波兰边境的太阳位置作为参考，也就是说，为了从手表上推算出太阳位置，德国所有地区的时间必须减掉1分钟到30多分钟。在夏天，你还要在此基础上再减掉1小时，因为在夏令时期间，时间会提前1小时。

检查一下你的住所所在地区的时间与标准时间的时间差是有必要的。为此你必须计算出你的住所所在的经度，比如通过漫游地图来推算（地图上的坐标在页边位置）。你可以使用地图给出的参数通过网站（"地方真时"选项）计算出地方真时。网站也会显示地方真时与标准时间的差异。例如，要计算太阳正好处于正南方的时间，你需要减掉15分钟，即12点15分才是太阳位于正南方的标准时间（如果在德国的夏令时期间，你就要加上1小时，太阳位于正南方的时间就是13点15分）。

紫外线的强度与太阳高度紧密相关，这点你也可以从手表上看出来。12点前后（包括需要减去的时差，在我们刚举的例子里是12点15分）是紫外线照射最强的时候。早晨9点的紫外线与下午3点的紫外线强度相同。

当然，温度变化并不遵循这样的规律。太阳需要一段时间来给空气加热，太阳达到最高点（约为下午3点）后的2到3个小时，气温才会达到日最高温度。

· 鸟钟

正如我们使用手表来测量时间那样，在没有手表的条件下，大自然也会告诉我们何时是清晨——至少会告诉我们大概的时间。除了观测太阳高度外，我们也可以观察一下鸟儿，倾听它们的歌声。

鸟儿究竟为什么要歌唱呢？肯定不是为了一展歌喉博我们一笑，也不是纯粹因为开心而歌唱。实际上，鸟儿鸣叫与狗抬起后脚在最近街道的柱子下尿尿的目的有点相似，它们这么做都是为了划定领地。因为鸟鸣转瞬即逝，所以鸟儿必须不停地重复鸣叫。鸟儿鸣叫是为了告诉它们的对手："你最好不要过来，因为这个花园已经是我的地盘了！"而雌鸟鸣叫则是为了求偶，所以绝大多数雌鸟都不会加入雄鸟的"大合唱"。

鸟类长时间鸣叫是为了极力捍卫自己的领地，其中典型的代表是乌鸫或红胸鸲。麻雀或者同样属于鸣禽的秃鼻乌鸦的鸣叫很简单，它们比邻而居，相处得很融洽。

如果你把花园设计得富于变化，花园就能成为各式各样物种的生存空间。现在如果所有鸟同时鸣叫，那么单只鸟儿的鸣叫声就淹没在一片鸣声中了。每种鸟都会集中在早晨某一个时间点（更准确地说，某一个太阳高度）向对手或者意中人鸣叫。时间测量点是太阳升起这个可以被准确定义的事件。令人气恼的是，太阳的位置总是不停地变化，6月22日之前，每天太阳升起的时间会早一些。等到6月22日之后，太阳升起的时间又会晚一些。因此，尽管鸟儿每天鸣叫的时间常常准得令人惊叹，但你还是无法在真正意义上用鸟鸣声代替手表。

你可以在网站上搜索"鸟钟"（Vogeluhr）这个关键词来查看鸟类品种及其鸣叫时间段等信息。

当天空还是一片漆黑，距离太阳升起还有1.5小时的时候，云雀就开始鸣叫了。此时，花园里的红尾鸲也加入了它们。乌鸫鸣叫的时间为太阳出来前1小时。叽咋柳莺在太阳升起前0.5小时也开始鸣叫起来。当太阳从地平线上升起时，所有鸟儿就开始一起歌唱。要是你现在想确定时间，就必须选择其他生物来进行观测，比如花朵。

· 花钟

    卡尔·冯·林奈是18世纪瑞典的研究学者,他通过探索大自然开创了全新的生物学分类系统。林奈发现各种各样的花在不同的时间开放,且都非常准时,开花时间的精确程度能比得上当时教堂时钟的准确度。使各式各样的显花植物组成了一个绿色的"时钟"的共性是什么呢?为了得到答案,林奈在乌普萨拉市的植物园里建了一个花坛。他把植物按照钟面的位置排列,将花坛分成了12个部分。每种植物开花的时间对应不同的现实时间,这样路人就可以直接看时间了。不过这个时钟并不像真的时钟那样精准,因为植物没几周就会凋谢,你需要不停地更换新的植物。此外,来自山脉地区的植物在城市里的生长状况完全不同,因为城市气温更高。尽管显花植物的这种规律神奇有趣,但即使你不按照表盘的形式排列种植植物,你也可以通过花园里的多年生植物和草本植物来确定时间。

    南瓜和西葫芦早在凌晨5点就已经开花,金盏花从8点开始盛开,滨菊紧接着在9点开花。如果太阳在12点左右到达正南方,松叶菊就会盛开。在14点和15点之间,蒲公英会收起它的花瓣。然后西葫芦在15点左右合上花瓣。到了18点，罂粟也会合上它的花瓣。

但是，为什么植物纷纷努力在不同的时间开花呢？它们这么做是为了让传粉昆虫能完成所有植物的传粉工作。很多花同时开放的时间正是昆虫繁忙的时间，蜜蜂和熊蜂根本不可能光临所有植物，有的花就无法完成传粉。一种植物比其他植物早一些或晚一些分泌花蜜和花粉是一种更好的选择，因为这增加了它们传粉的机会。此外，这样也能帮助蜜蜂更好地完成传粉任务，还能增加它们蜂箱里的粮食储备。更多的粮食储备也意味着蜜蜂可以繁殖更多的后代，这又增加了传粉的机会。

哥廷根大学的学者研究发现，花钟也是有规律可循的。花朵报时的方法与蜜蜂也有关。蜜蜂传完粉，花朵就可以准时合上花瓣。如果没有昆虫光顾，花朵就会延长开花的时间，期待晚点会有昆虫来传粉。如果你在花园里看到植物开花时间与花钟的正常规律有很大出入，就说明你的花园里缺养蜂人和野蜂了。此时，你可以在花园里建一个"昆虫旅店"或放一个蜂巢。

· 日晷

有光的地方肯定有阴影，所以你也可以利用日晷——一个圆形的大表盘和一根晷针——来确定时间。将这个装置对准南方，晷针的影子就会在一天的时间里缓慢划过表盘。因为晷针的影子对应太阳的位置，所以你可以通过影子和表盘线的交点来确定时间。

如果你按照这个时间来行动，那可能常常会迟到。因为日晷代表的时间是地方真时，我们在"手表和地方真时"部分已经说过，地方真时在不同地方是不一样的。此外，日晷无法被调整为夏令时。如果你想得到准确的时间，就必须自己减掉几分钟（将地方真时转换为标准时间），在夏令时期间，你还要在地方真时显示的时间上再加上1小时。这听起来很复杂，但是因为只需要计算一次，所以你很快就会习惯这种读数方式了。你最好在计算完数值后，把表盘也相应转一下，因为这样做就能使日晷显示的时间和标准时间保持一致了。

与传统的计时器相比，日晷的好处可以用一句俗语来说明："跟着日晷走，无须再看钟。"

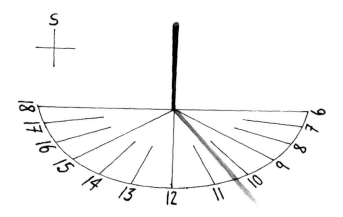

　　一个小时又一个小时过去，晷针的影子在表盘上已经走了很远。

日晷显示的时间就是地方真时。

Chapter 7

四季

鹤或其他候鸟成群结队地飞往南方是在告诉我们
北方出现了寒流。一般而言，这意味着冬天已经离我
们不远了。

地球始终是倾斜的。这对于宇宙来说毫无意义，因为宇宙也没
有上下之分。倾斜指的是地球围绕穿过两个极点（就像地球仪一样）
的虚轴自转。这个虚轴的位置与我们地球围绕太阳转动的轨道有关。
我们的地球绕太阳公转一圈就是一年。在这一年的时间里，北半球的
轴末端有好几个月是朝向太阳倾斜的，剩下几个月是背向太阳倾斜
的。所以，我们有时感觉很暖和，好像太阳就在我们头上；有时太阳只
是一晃而过，我们就会感觉冷一些。我们把这种一年中的温度变化称
为"季节变化"。此外，月亮的位置也在不断发生变化，只是它的变化
恰恰相反。当北半球的地轴背向太阳（朝向夜空）倾斜时，白天月亮
几乎与冬日的地平线齐平，到了夜间它高高地挂在夜空中；星星也是

一样。月亮、星星和漫长的冬夜都是冬季成为业余天文学家研究旺季的主要原因。

因为在冬天,北半球的轴末端背向太阳,所以南半球的轴末端自动朝向太阳(一根轴就是一条直线)。当你在赤道的这一边冻得瑟瑟发抖时,赤道的另一边正值盛夏。

尽管地球轨道并不是正圆形的,但季节的更替与地球到太阳距离的微小波动并无关联(最奇怪的是,冬天地球到太阳的距离比夏天地球到太阳的距离要短)。

单纯从天文学上来看,季节的更替发生在以下几个时间:3月21日是春季的开始,6月22日是夏季的开始,9月23日是秋季的开始,12月22日是冬季的开始。3月21日和9月23日的昼夜时间是相同的,也就是说,从太阳升起到太阳落山正好是12个小时。这两个日期之间的时间是夏半年。太阳高度的最高点出现在6月22日。等太阳过了这个最高点后,夏天才刚刚开始,理由很简单:太阳需要好几周的时间来加热空气。因此,在时间上,气温的变化滞后于太阳高度的变化。当白天开始变短时,气温才达到最大值;当白天重新变长时,冬天才会来临。那么气温究竟比太阳高度滞后多久呢?你可以通过对比白昼时间相同的两天来回答这个问题。例如,8月31日与4月11日的白昼时间相同，但是8月31日的气温一般要高得多。

    但是，在谈论四季（说起四季，我们最感兴趣的是气温）之前，我想先聊聊"霜冻"这个话题。因为春天的最后一次霜冻和秋天的第一次霜冻发生的时间对很多脆弱的蔬菜和盆栽植物来说具有决定性的意义。

· 小心霜冻！

水结冰对很多植物来说都是一件危险的事情。因为绝大多数蔬菜和许多观赏植物都来自气候较温暖的地区，无法忍受零下的温度。德国本土灌木和乔木在春天长出新叶，开出新花时，也可能因为霜冻而死去。与树干和树枝相比，新叶无法忍受严寒，所以它们会被冻死。虽然植物还能重新长出新叶，但是当年肯定不会丰收了。

因此，作为花园主人，每年春天你都应该问自己同一个问题：为什么重新安置花盆时，我会把夹竹桃灌木摆在外面而不移动西红柿或西葫芦的位置呢？秋天也会出现相似的问题。第一次霜冻就意味着植物停止生长了，地上的蔬菜如果未采收，就会坏掉。如果温度持续下降，白天晴朗干燥，那么霜冻肯定会降临。这时你可以静静地在花园里准备起来了：采收最后的蔬菜，把盆栽植物移到地窖或温室里，为脆弱的多年生植物盖上干树枝。

突袭而来的霜冻是很危险的，它们是变化的天气和潮湿的土壤相互作用的产物。会带来霜冻的比较典型的天气变化是冷锋过境。冷锋过境，天气就变晴了。晴天是由低气压区的冷锋导致的。随着云层退去，大气层失去了它温暖的被子。夜间的温度明显下降，潮湿的土壤的温度也会下降。雷雨过境，雨水开始慢慢蒸发。有时雨水蒸发过程发生得很快，草地和森林中的水分蒸发到空中形成云。这一过程需要消耗能量，这些能量来自近土壤的大气层和土壤本身。因此，土壤还会冷却好几摄氏度。在春秋两季，这样的温度下降常常是具有决定性意义的。尽管你室内的温度计显示的气温是4摄氏度，高于0摄氏度，但花坛里的花还是会被冻住。这是因为测量仪器一般都放在与视线平行的高度上。温度和高度的读数应该同时显示，这样你才能得到关于花园植物的准确信息。实际上，你每天在天气预报上看到的数值，一般是在距气象站地面两米高的地方测得的。从严格意义上来说，你的花园也需要一个专门的天气预报，因为我们官方的天气预报只能播报大部分地区的天气，不过它至少能提醒你霜冻即将来临。

4摄氏度是否会对你的花园构成威胁，这取决于你的花园结构。如果你的花园里没有遮挡物，仅由草地和花坛组成，你就应该对花园里那些易受霜冻危害的植物采取保护措施。如果你的花园里有"年长"的林木和树篱，那么温度再低2摄氏度也没有问题。因为在无风天，有树冠遮挡时，土壤冷却得较慢。此外，你也可以观察一下停在树下的汽车——停在树下，车窗玻璃就不会那么快冻住。

植物是否耐冻，能否在你的花园里存活下去，并不总是一目了然的。因为并不是所有的植物都像教科书介绍的那样。作为花园主人，当本来耐冻的植物冻僵时，你肯定感到非常气恼。这种情况并不一定是因为花园中心给出了错误的建议，因为强壮的植物出现问题通常是由一系列因素导致的。

　　这种情况首先可能发生在外来植物身上。在遥远的国家也有与中欧地区相似的气候，所以这类植物一年四季都能在花园里生长。花园的气候条件大多与植物原产地的气候条件差不多，但只是差不多而已。本土植物要比外来植物早两周为过冬做准备。如果是正常年，那肯定没什么问题。然而，如果冬天来得太早，这些外来植物就会遭殃。

　　本土植物也可能遇到相同的问题。一般而言，它们能顺利度过寒冬（否则在德国这么冷的气候条件下，它们早就被冻死了）。然而，有时这些植物也会被冻死。新生的乔木和灌木遇到极寒天气时尤其危险，因为它已经习惯在年长植物的庇护下生长了。此外，大自然的土壤表面覆盖着厚厚的腐殖质层，它能为土壤保温。

　　花园里的气候常常以露天气候为主。在晴朗而漫长的冬夜，常常没有风，土壤的热气能够不受阻碍地向上蒸发到大气层中。因为近地面的大气层散发出很多热量，所以土壤很快就会冷却。对你的花园植物来说，它们越小，离地面越近，生命就越脆弱。植物在幼年阶段离地表较近，它们所处的环境温度比成年阶段所处的环境温度低10摄氏度。这时你可能会反驳我说：虽然灌木和乔木的体型更高大，但是它们的根部始终生长在土里，为什么它们成年后不会被冻僵呢？这与它们的木质化结构有关。木材的木质化组织与玻璃纤维塑料的结构相似。木头很坚韧，且有一定的弹性，它在冻僵时不会突然断裂，细胞也不会爆裂。细枝则常常是另外一种情况：它们还未完全木质化，组织更柔软，在霜冻时容易遭到破坏。

"年轻"的乔木是在"年长"的乔木和灌木的呵护下成长的，因为"年长"的乔木的树冠阻挡了晴朗夜晚的气温骤降。如果"年轻"的乔木生长在空旷的空地中间，条件就艰苦得多了。当然，如果你帮它们做一些防护措施，它们也有可能安全度过寒冬。

为了避免热量蒸发，你可以在植物上覆盖一层薄薄的无纺布。这样你就可以让植物表面的温度增加好几摄氏度。在绝大多数情况下，正是这几摄氏度的差异决定了植物的生死存亡。

不管是什么植物，它们的嫩枝最不耐霜冻。嫩枝还处于生长期，它们的细胞还未成熟。植物需要好几周的时间来储存结构物质，使细胞壁变得足够坚固，以此来抵御霜冻。为了确保在冬天来临前都能全副武装,乔木和灌木在夏天就已经停止向高处生长,而不停地稳固枝干。然而,如果你施肥施得太多(过多的氮肥对植物尤其危险),这个计划就会失败。施过肥的植物会不停地向上生长,所以到了秋天,它们无法准时完成细胞的木质化过程。夜间的一场强霜冻就足够让未成熟的树枝冻僵并变成棕色。如果这些树枝是新长出的嫩枝,它们肯定就要被冻死了。所以,给花园里处于幼年阶段的植物施肥要适度。从更长远的角度上看,减缓植物的生长速度能让它后期的木质化进程加快。

在霜冻降临前,你需要剪掉植物的长枝,因为德国本土植物需要通过这种方式来获得一点喘息的机会。这也是中欧地区的树不能作为盆景全年被放置在室内的原因。就像我们需要规律的睡眠一样,温带植物也需要几个月的时间休养生息。只有这样,到了春季,温带植物才有生根发芽的力量。

在特殊的天气状况下,大自然会给我们带来一场奇特的景观。霜花长在很多躺在地面上的落叶树的枯树枝上,看起来就像由最细的冰丝做成的皮毛。它们紧密地排列在一起,总共有好几厘米长。如果你把霜花放在手里,这个如棉花般柔软的结晶就会融化成一滩水。

霜花是因生长在树枝内部的菌类活动而形成的。在冬季,白天的天气较温暖潮湿,夜间的天空有时会放晴,温度会降到冰点以下。温暖潮湿的环境对菌类来说最为理想。木头将不同菌类分隔开来,同时产生少量的热量。菌类在这一过程中呼吸,呼出来的气通过木孔向外排出,其中的水蒸气马上就会结冰。霜花越变越长,直到最后木头冷却下来,菌类停止活动。早晨,你就会发现像覆盖着皮毛一样的白色木头块,其精美的光泽与第一缕温暖的阳光相映成趣。

短暂的美好:霜花生长在腐烂的树枝上。当第一缕温暖的阳光照射大地时,这些霜花就会融化。

· 春天

当冬天随着潮湿寒冷的过渡天气结束时，我迫不及待地等着园艺季节重新来临。植物终于开始活动了，你可以明显感觉到植物在生长。当3月第一个温暖的天气来临时，你就可以在花园的露台上喝一两杯咖啡了。

在孩子小时候，他们总会问道："春天来了吗？"好像只有寒冷的天气过去，天气变暖时，我们才会正式迎来春天。关于春季开始的时间，不同学术领域有不同说法。从天文学上看，根据地球围绕太阳公转的理论，3月20日或3月21日是春天的第一天。在这一天，白昼和黑夜一样长，这在全球都是一样的。从这一天开始，从地平线上升起的太阳又积蓄了很多能量，它能让北半球变得越来越暖。

气象学家认为3月1日是春天的开始，因为他们把季节按整月划分，3月正是很多植物开始活动和生长的时期。第三种关于春天开始的定义是以植物的活力为依据的。如果植物很活跃，这个植物的春天就来了。如果按照这个定义，根据各个地区植物种类的多样性，春天开始的时间就有数千个，但是这并非全部：根据不同地区所处的纬度和海拔高度的不同，当地植物的生长期开始的时间也千差万别，例如，相隔几千米远的两个地区的植物生长期开始的时间可能相差数周，因为局部地区的气候差异很大。

尽管关于春天开始的说法有好几种，但是我认为最后一种说法最好。因为就算日历上显示现在应该是温暖的，但室外的花园里却还飘着雪，"春天"又有什么用呢？一年中地方气候的变化对于园艺工作来说更加重要。你可以从一些典型的植物身上看到气候的变化。

为此，科学家将四季做了进一步划分，因为这样可以更好地遵循植物生长期的发展规律。这个划分方法以农业计量学家弗里茨·施奈尔博士于1955年提出的理论为基础。施奈尔用一些具有代表性的植物将一年划分为10个"物候季节"。

早春常常始于日历上的冬季。雪片莲的出现预示着园艺季节的开始。当榛子把小尾巴露出来时，它就是在告诉你花坛已经准备就绪了。蔬菜里的前锋，如蚕豆，甚至已经将种子播种到田野上了。

当黑醋栗芽孢开放时，我们就说早春来临了。紧接着，黑刺李和樱桃也开始发芽，但是落叶树的新梢还要过段时间才能发芽。

接着苹果花预示了春分的来临，现在的天气很温暖，我们完全可以坐在花园里喝咖啡。

你可以在各式各样的网站上找到关于苹果花开花的信息，看到苹果花是怎样由南向北次第绽放的（比如在网页上，你可以搜索关键词"苹果花日记"）。

当苹果树上的花凋谢时，你还不能放松警惕，眼巴巴地等着夏天来临，因为还会有最后一次寒流来袭。在德国，这场寒流一般从5月11日持续到5月15日，它会给我们带来最后一次霜冻。只有等这次霜冻过去，你才能把脆弱的植物移到室外。然而这个寒流的日期真的可靠吗？很可惜，并不可靠，因为已经有好几年都是到了5月末，霜冻才突然来袭。除了这个天气现象外，你所在地区的海拔高度和地形也起了一定的作用。丘陵地带常常比山谷地区天气更冷，寒流到达山谷的时间会更晚一些。我住的地方海拔高度约为500米，这里通常在6月初还会有一次霜冻，所以我们这里的很多树都会在6月被冻住（有时我们也感到不耐烦，希望在春天看到繁花盛开的花坛）。山谷的天气状况比较恶劣，冷空气从周围的山上往下吹，充满山谷，使得寒流还会持续一段时间。寒流过后，在低平原和大河谷地区，水能给周围的空气加热,这样基本就不会再出现霜冻了。你不要认为这种异常的霜冻是由气候变化导致的,气候变化对晚霜的影响微乎其微。当然,在未来,你也不能排除这种因素的影响。

当春天接近尾声时,动植物的大部分工作都已经完成了。乔木和灌木长出叶子,抽出新芽。草开始快速生长,花苞已经长成。第一批植物甚至已经结出了果实。在动物的养育模式中,第一批幼崽长大后就要离开父母独自生活。当然,在即将来临的夏季,动植物还会继续生长发育,树梢会木质化,花朵会发育成种子,动物的第二代甚至第三代已经成长起来了。然而,与早春相比,夏季对动物来说并不是一个困难的季节,因为在早春,动物在繁殖之前,需要先找到和保卫它们的领地。对植物来说,此时的生长过程也比冬天过去后的重生容易得多,因为冬季过后,植物常常需要依靠储存的营养物质重新发芽生长。动物的领地之争让植物也无法消停。向阳的位置很少,不是所有动物都能得到的。当春天结束时,动物停止争夺领地,由春季开始的暖季就静悄悄地过去了。也许我们人类会本能地察觉到我们周围的环境归于平静,而夏日的花园肯定不仅仅是因为炎热才变得静悄悄的。

· 夏天

　　纯粹从科学上看,夏季要么从一年最长的一天,即6月21日或6月22日开始(从天文学定义上看),要么从6月1日开始(从气象学定义上看),但是我们宁愿通过身边的植物来判断夏季是否已经开始。茂盛生长的草标志着夏天的开始。没多久拖拉机也开始驶过草地割牧草,而此时花园里的接骨木正在开花。如果你的花园里有草莓,那么接下来的几周正是丰收的时候。蔬菜现在正飞速生长着。土豆花标志着从初夏到盛夏的过渡。绝大多数作物现在都结出了小小的果实,它们在烈日中长得正旺。

　　夏天对动物来说是食物供应过剩的季节。动物在夏天可以获得丰富的营养,干燥温暖的天气尤其适合动物幼崽健康成长。它们可以静静地为以后将要面临的严峻生活做好准备,但寒冷季节的来临还是太过迅速,10个幼崽中就有8个无法熬过它们生命中的第一个冬季。

　　当花楸果红红地挂满树梢时,夏天就接近尾声了。成千上万的小蜘蛛用它们的腹部吐出长长的丝,然后在下一次风来的时候,像降落伞一样乘着风飘向远方。这些银丝标志着夏天最后一个阶段的开始,我们称其为"晚夏"。

野兔的幼崽在温暖干燥的夏季健康成长。

· 秋天

　　当树叶变得五彩缤纷时，丰收的季节就到了。绝大多数植物的种子和果实要等到秋天才成熟，因为它们需要储存尽可能多的营养物质以安然过冬，其中包括油脂、糖分和淀粉。这对一年生植物来说尤其重要，因为它们只能以种子的形式过冬。其他植物把营养物质储藏在根茎中。

　　你在菜园里也可以观察到这些现象。胡萝卜、土豆或欧洲防风都纷纷将淀粉和糖分储存在它们的地下茎中。这样做的目的是为春天的爆发式生长储存能量，这些能量能够满足它们几周的消耗。这类植物与那些依靠幼苗快速产生生长素的种子植物相比具有明显的优势。

　　草也把营养物质储藏在粗壮的根中，这也是田鼠能安然度过冬天的原因：它们喜欢吃那些长在地表上层的、营养丰富的草根。

　　如果秋水仙开花，这就说明早秋已经来临。在晴朗的天气里，我们可能会迎来今年的第一次霜冻。脆弱的盆栽植物现在只能待在温暖无风的室内角落里或者在防护罩的保护下躲避寒冬。

对苹果和土豆来说，晚秋是丰收的时期。接着你可以清理一下菜田，只留下那些更耐冻的蔬菜，如白菜、唐莴苣、冬萝卜或欧洲防风。

灌木和落叶树拼命地吸收阳光，因为在寒冷的冬季，它们要冬眠，无法进行光合作用。

为了尽可能减少呼啸的秋风的攻击面积，落叶树上多余的叶子会脱落，就像驾驶帆船一样：在风暴来临时，船员就会收起船帆。晚秋过后就进入冬天了。

当气温下降时，鸟类开始成群结队地往南飞。这样做不仅是为了躲避霜冻，也是为了寻找新的食物来源，以免在雪天来临时挨饿。真正的迁徙鸟类经常举家迁往较温暖的地区，而候鸟只在冬天迁往南方，其他季节仍留在北方。留鸟指的是那些一年四季都待在我们身边的鸟类。

秋天是丰收的季节。我们可以将苹果和土豆储存到仓库里，脆弱的盆栽植物不久也会被移入"暖房"。

很长时间以来，科学家对候鸟迁徙行为的猜测层出不穷，认为这是它们的一种本能反应，是与生俱来的天性。然而，鹤并没有你想得这么简单，它们会非常愉快地决定是否要远行，目的地又是哪里。你可以利用鹤的这种自由选择来预测天气。

鹤和野鹅，还有其他很多动物，不会提前规划路线，也不会死板地盯着日历。它们只是因为对现状不满才去旅行，这种对旅行的偏好是与生俱来的。更确切地说，天气一变，鹤和野鹅就开始远行了。如果天气非常寒冷，甚至出现强降雪天气，这些动物就响应了那句口号：

"启程去南方吧！"而如果天气暖和，只是下点雨，动物仍可以在北方的田野和草地上获取足够的营养，它们就会推迟远行计划。推迟计划的另一个原因是暖空气中只有南风，它会将南欧的热量带到北方来。但南风对鸟类来说是逆风，它们在飞行时很费力。与此相反，冷空气会带来北方刺骨的寒风，使鸟儿不费吹灰之力就能飞到南方。

鹤或其他候鸟成群结队地飞往南方是在告诉我们北方出现了寒流。一般而言，这意味着冬天已经离我们不远了。

春天完全是另外一幅景象。南方的高温使得鸟类纷纷启程飞回北方，温暖的南风让飞行变得毫不费力。因此，候鸟回到北方预示春天即将来临这种说法是有道理的。

从自然角度上看，通过鹤来预测天气并不完全准确，因为有时鸟群在飞行途中正好碰上天气突变，就不得不改变计划，中途停留一下。

特别激动人心的事情是你的花园里可能会出现一些稀客，如黄嘴朱顶雀。这种山雀大小的棕色鸟类来自泰加林，在冬天，它们一般会飞到北海和波罗的海海岸，而不是继续南飞。然而，如果出现强降雪天气，那么黄嘴朱顶雀还是会迁往内陆地区；如果你住在南方城市，说不定在花园里也能见到它。如果你在花园里发现了黄嘴朱顶雀的身影，就说明当年会出现寒冬。类似的鸟类还有红胸灰眉岩鹀、太平鸟或星鸦。

在中世纪，北噪鸦这种来自北方泰加林的物种有时会出现在欧洲中部地区。当时，人们认定，这种灰棕色鸟类的出现预示着寒冬的来临。因为寒冬会加剧人们的窘境，所以这种来自北方的信使就被称为"北噪鸦"。

候鸟迁徙的起点和终点并不是它们天生就知道的，气候变化会对自然产生显著影响也不是什么稀奇的事。有几年，在第一批鹤重新飞回北方之前，最后一批鹤在寒流来临前没几周才飞往南方。有些动物已经完全停止了迁徙活动，在冬天你也可以看到它们，比如红尾鸲和画眉。

与春天相似，我们无法长期准确预测秋天第一次霜冻来临的时间。当你认真观测天气时，请注意"小心霜冻！"那一部分所讲的内容，至少你不需要日日担心明天会有什么不好的事情发生在那些脆弱的植物身上。可惜并没有什么基本规则能够预测霜冻。今年9月的夜间气温已经降到冰点以下了，而下一年可能到了11月才会出现这种现象。气候变化会导致第一次霜冻延期，然而在未来，霜冻还会有很早出现的时候。

当鹤朝南方迁徙时，冬天就离我们不远了。

· 冬天

我喜欢冬天,当屋外寒风呼啸,大地银装素裹的时候,屋内炉火正旺,让人感觉既温暖又舒适。唯一可惜的是,花园在这个时期几乎毫无用处。

然而,对于植物来说,这完全是另外一回事。冬天是植物生长最艰难的时候。因为这时花园一片荒芜,就像沙漠一样。当气温降到零下时,我们在花园里几乎找不到水,花园就像撒哈拉沙漠一样。此时,花园里的植物在疾病或危险面前束手无策。这都是由霜冻造成的。霜冻让乔木和灌木,草本植物和多年生植物完全被冻住了。因为冰比同等质量的水的体积要大,所以植物的细胞会爆裂,接着它们就会死亡。对此植物各有各的策略。很多植物都放弃采用一些复杂的防冻措施来延长生命。它们会在第一次霜冻来临的夜晚死去,以种子的形式过冬。这些种子中几乎不含水分,这能帮助它们安然度过温度低于0摄氏度的天气。为了能在春天尽快发芽,每粒种子都储备了足够多的能量,即油脂。这种过冬方法也有缺点,在11月到来年3月这段时间里,饥饿的鸟儿和哺乳动物都在寻觅能够补充能量的美味,它们会吃掉绝大多数这样的小种子。

冬天对木本植物来说则不会这么危险。我们以乔木和灌木为例,这类植物的一大优势是,它们并不是每年春天都重新生根发芽,而是年复一年地继续生长,变得越来越强壮。为了不被冻死,乔木和灌木不得不抽走树干和枝干上的绝大多数水分。此外,木质化使细胞壁变得更加坚硬牢固,所以细胞被冻住时不会爆裂。

其他多年生植物采取了另一种策略过冬。与乔木相似,它们会抽走叶子中的营养物质,促使叶子凋落,让枝干变得光秃秃的。夏天,这类多年生植物会将营养物质储藏在粗壮的根部,这样,来年春天它们就有足够的能量重新发芽。

与一年生植物相比,多年生植物具有绝对的优势。在温暖的春天,它们的生长速度如火箭般迅猛,远远超过了那些由种子慢慢发育起来的草本植物。当然,它们深入地下的储藏器官在冬天也面临着很大的危险:这些器官是喜欢在地下活动的田鼠最喜欢的食物。

冬季对于动物来说是最难熬的季节。当然,这不是因为冬季比较寒冷。动物可以通过皮毛或厚厚的羽毛来抵御寒冷。在秋天,动物会通过摄入丰富的营养物质来囤积厚脂肪层,这种做法同样能帮助它们过冬。在冬天这个艰难的时期,动物会进入休眠期。因为植物早已把自己武装起来,无法再给动物提供营养物质了,所以动物无处觅食。食肉动物一开始可能还好过一些,因为很多动物早已在温暖的夏天繁衍出成群的后代,此时这些幼畜为食肉动物提供了丰富的营养储备。因为幼畜缺乏生存经验,所以它们就成了食肉动物唾手可得的猎物。研究数据表明,80%的幼畜无法安然度过出生的第一年。

霜冻对昆虫和其他动物来说都不是什么严重问题。与大家通常所想的不同,寒冬并不会影响动物的数量,否则德国的绝大多数动物早就灭绝了。因此,寒冬并不能确保来年春天蚊子、蜱虫或其他害虫的数量会变少。

更难熬的是湿冷的冬季。当气温降到冰点左右时,雨雾天气会让人体温骤降。即使我们可以通过穿上更多厚衣服来御寒,但是冬季的雨天依然让人感到不适。液态水的导热性比空气的导热性好,这使得动物的体温加速下降。对动物来说,它们需要消耗更多的能量来维持体温。等到冬末,它们储存的脂肪早就消耗殆尽了。冬天就这么结束了。

松鼠也不知道冬天有多寒冷。

· 冬天的天气如何?

在某些年份,乔木的果实产量异常高。在森林里,橡子和山毛榉果实尤其多。当我秋天到林区巡视时,常常有人问我,这些意外的丰收是否预示着寒冬的来临。我的回答总让他们感到失望,我会说:"不,我们无法用果实是否丰收来预测天气。"乔木和灌木的果芽早在去年夏天就长出来了,通过橡子和山毛榉果实的高产量,我们可以推测出去年有一个炎热的夏天。这种酷热会让植物繁殖速度加快,因为它们担心自己在酷热中坚持不了太久。

显而易见,松鼠和松鸦会利用这个机会为过冬积蓄粮食。同样的,你也不能以此来预测未来几个月的天气状况。

研究数据表明,如果秋天的晴天较多,这常常预示着寒冬的来临。我们之前在"秋天"部分也说过,鸟儿向南迁徙预示着温度会骤降。

冬天不仅仅代表着寒冷和降雪。至少暴风雨的频率和强度也同样重要。在过去几年里,飓风席卷了整个欧洲中部地区,很多森林也深受其害。飓风过境时,上百万棵树木倒下,电线杆被折弯,房屋倒塌,破坏力极大的狂风暴雨甚至造成了人员伤亡。

暴风雨出现的频率与寒冬形成的低气压区息息相关。一般而言,德国所处的纬度以高气压区为主,它带来了严寒和晴空。德国偶尔会出现低气压天气,这种天气就会带来降雪。

对秋天和早春这种过渡季节来说,低气压天气十分常见。然而,在过去几年里,天气变化越来越频繁,在冬天我们也能感受到强低气压的影响。在这种情况下,暴风雨会接二连三地到来,并持续数周。

通过对暴风雨的简单分析,你可以得出以下结论:如果我们所处地区位于寒冷的高气压区,那么我们就不会经常遇到暴风雨天气;如果低气压接二连三地出现,我们就会感受到狂风带来的湿冷天气。

Chapter 8

适应气候变化

草地有自己的生存之道。植物可以靠它们粗壮的根补充水分，在下一场降雨后，重新生出新叶。这就是在干旱时期，你不需要担心草地变黄的原因。

气候变化对每一种生物来说都有独特的意义。让我们看看那些喜阳植物，给它们多少阳光都不够，每一个晴天对它们来说都是馈赠。人类适用的规律会延续到动植物界。喜温物种会逐步朝北方迁徙，寻找新的栖息地，这些地方曾因温度太低或气候太潮湿而鲜少有人居住。除了亚洲虎蚊这种在全球广泛分布的昆虫以外，落叶树也向着气温更高的北方延伸，而这里曾遍布针叶林。

供水不足是德国本土植物面临的核心问题。因为即使没有温室效应的影响，德国的高温天气也总是循环往复。如果天气变暖，人会更容易感到口渴，花园植物也是一样。在我们展望未来之前，我想和你们聊聊大自然在提高水资源利用率方面的策略。

· 强大的控水能力

　　植物能自行调节它们的水分消耗。当水分充足时，在暖季，光合作用的效果最好。树是用水大户。与灌木或多年生植物相比，树木的叶面数量成倍增加，水分蒸发率也成倍增加。在炎炎夏日，一棵成年的大型落叶树消耗的水分高达400升，因此，它们的根大多比其他植物扎得更深，试图从尚未被开采的深层土壤中获取水分。尽管这是树木的一大优势，但是土壤储存的水分很快就会被用完。如果缺少像降雨那样充分的水分补给，树就必须通过别的方式解渴，以免渴死。树木的叶子背面上有很多小气孔，看起来就像一个个小嘴巴。气孔和嘴巴的功能也很相似：树通过这些气孔来呼吸。我们通过呼吸排出身体里的水分，树也是一样，只不过树会同时呼出大量氧气。当空气太干燥时，树就会渐渐关闭叶子上的气孔。通过这种方法，树的水分消耗会大幅减少。当然，光合作用的总量也明显减少。如果这一过程持续时间很长，树长出新枝或结出果实的速度就会减缓，水果收成就成了大问题，因为果树结出的水果（苹果或梨子）的个头会变得很小，这些水果甚至会变成坏果。如果树的水分消耗仍然过高，它的叶子就会部分脱落。你常常可以在炎热的7月观察到这样的现象,这是树采取的应急措施。

如果你的花园经常遭遇干旱期,花园里的树就会学着提高水资源的利用率。尽管花园里的树的生长速度较慢,但是与那些生长在潮湿土壤中的树相比,它们的耐热能力更强。我在林区发现,在干旱时期,生长在水分充足地区的树更易死亡,而生长在干燥土壤中的树能够安然度过这段艰难时期。

草没有这么强大的控水能力,它们不像树那样能很好地控制水分消耗。因此,在长期干旱的条件下,草茎会枯萎,草地上会出现难看的黄斑。这正是分析土壤的好时机:草地哪里先变成黄色就说明哪里的土壤储水能力差(关于土壤的详细介绍请参见"我的花园地表有哪些特点呢?"相关内容)。

然而,草地有自己的生存之道。植物可以靠它们粗壮的根补充水分,在下一场降雨后,重新生出新叶。这就是在干旱时期,你不需要担心草地变黄的原因。草地会在下一个雨季来临时重新变绿。给草地浇水是多余的,草地总会自己变绿。

多年生植物也可以像乔木那样控水,它们的学习能力很强,在缺水时能够理性控水。即使多年生植物是栽培品种，它们也没有丧失这种学习能力，因为这些栽培品种跟原生品种很相似。多年生植物必须具有这种能力，因为它们要在花园里生活很多年，一般不需要人们精心打理。蔬菜和一年生的夏季花卉则完全不同。我们在介绍雨的章节中就提到过，蔬菜和一年生的夏季花卉缺乏抵抗力，因为它们是培植而成的，靠补充营养剂来生长。我们使用营养剂来培植蔬菜和一年生的夏季花卉的主要目的是保证它们高产或开出漂亮的花朵。新生的栽培品种与原生品种很相似，但是它们付出的代价是丧失了原生品种的一些特征，所以西葫芦或卷心菜很脆弱。在夏日炎热的午后，即使蔬菜和一年生的夏季花卉生长的土壤很湿润，它们大大的叶片还是会低垂着。当土壤变得有些干燥时，这些叶子就会枯萎。欧丁香、杜鹃或欧洲荚蒾还能忍受酷热，而蔬菜必须定时补水才能保持良好的状态。

水果树能够学着节水生存。

≫ 植物瘿瘤

有时灌木或乔木的叶子形状到了夏天会发生明显的变化。这些叶子呈角形或圆形，有的叶子上还长满了绒毛。漂亮的叶形极具欺骗性，其实这种叶子上爬满了寄生虫，它们很快会占据整个叶片。它们会分泌化学物质，刺激植物形成瘤状构造，并在这种构造中居住、取食和抵御天敌。如果你拨开具有这种构造的叶片，就会看到一个小虫蛹。瘿蚊、瘿球蚜或瘿蜂的幼虫就生活在这些小虫蛹里，在虫瘿里度过幼虫期，这是它们存在的主要形式。到了秋天，当叶子枯萎时，这些幼虫就会陆续化蛹。这些虫蛹大多在晚冬或者春天破蛹而出，开始短暂的成虫生活。这时，它们就不再那么容易被吃掉，只会不停地在自己喜欢的植物上产卵，然后死去。

这些寄生虫的典型宿主有橡树（橡树瘿蜂）、欧洲山毛榉（山毛榉瘿蚊）、云杉（云杉瘿球蚜）或蔷薇（蔷薇瘿蜂）。

寄生虫很少给植物造成危害，因为对单叶或枝干造成破坏不会影响整个乔木和灌木，但是瘿螨不是这样的。这种蛛形纲动物通过吸吮使叶子变形，导致叶子畸形或出现红色的小斑点。在夏天，叶子上寄生着0.2毫米大小的寄生虫，它们很享受这样的生活。瘿螨会对黑莓产生极大危害。瘿螨喜欢寄生在还未成熟的果实里，这些果实受灾部位的颜色不会再变黑了，也无法被食用。这种果实应及时摘除。

· 不断上升的温度

最近几年,冰川融化,暴风雨发生频率增加,干旱接连不断。不断上升的温度是否会造成巨大的环境灾害呢?

气候变化究竟会给我们带来哪些影响呢? 有一点是肯定的:气候变化绝对不仅仅是气候变暖这么简单。因为正如我们在"没有雨不行"和"下多少雨才够呢?"部分提到的,降雨和温度的共同作用对维持水分平衡来说意义重大。当降雨带来的水分多于重新蒸发的水分时,你的花园才不会变得一片荒芜。一般水分在高温下比在低温下蒸发得更快。一个地区的温度越高,这个地区就需要越多的降水来平衡蒸发的水分。如果你住在一个非常干燥的地区,如莱茵河上游河谷或勃兰登堡,平均气温上升2摄氏度就能产生决定性的影响。气温升高会加速水分蒸发,在相同降雨量条件下,气温更高的地区会更频繁地出现突然缺水的情况。

气候变化的影响还远不止如此。气温升高会导致夏季降雨减少,而冬季降雨增加。虽然总降水量充足,但夏季的土壤仍然十分干燥,无法获得足够水分补给的植物就会死亡。暖季以沙漠气候为主,即使冬季降雨丰富,使得年平均降雨量充足,这对植物来说也无济于事。在这种情况下,土壤的蓄水能力起着决定性的作用。沙质土壤几乎无法蓄水,而黄土含量高的土壤能够维持植物数周的水分消耗。你可以看出,判断你的花园是否健康根本就不像你想象得那么简单,只有一点是肯定的:气温正变得越来越高。

当温度不断升高时,野蔷薇这类本土灌木的耐热性更好。

· 对花园的影响

在这里，我不想探讨气候变化的成因，现在不是问责的时候。因为这样做对你的花园以及它的未来发展毫无意义。气候变化对在你家附近安家的动植物影响更大。你打算怎样应对这种变化呢？

首先要注意的是，你必须精心呵护你的花园，因为你的花园与大自然越接近，气候变化对它的影响就越小。大自然在应对气候变化方面最得心应手。如果你观察得再仔细一些，就会觉得这不足为奇。我举一个例子了，德国本土树种（如山毛榉）的寿命最高可达400年，这对人类来说是一段很漫长的时间。在这几百年里，气候自始至终都在不停地变化。在15到19世纪之间，温度数年来持续不断地下降，导致寒冬变成了常态，冰川面积不断扩张。这段寒冷期过后，许多国家都爆发了大规模的饥荒，之后气候又开始变暖。这个过程一直持续到今天，并因环境恶化进一步加速。

前后两代树木的生存环境已经发生了根本变化，像山毛榉或橡树这样的乔木根本无法适应新的环境。因为只有经过好几代的变迁，树才能完全适应环境。这是一个非常漫长的过程。在大多数时候，你根本感觉不到母树和幼苗之间的差异；但是当树种经历了几个世纪的新旧交替后，树种就可能出现细微的基因改变，否则德国的原生树种早就消亡了。很多多年生植物的生存策略并不是适应，而是忍耐。因此，虽然中欧的温带气候最适合山毛榉生长，但是它也能耐热耐寒、耐旱耐潮——山毛榉的分布区域遍及世界各地，从西班牙和西西里岛一直延伸到瑞典。

这里适用的原则是：植物年龄越大，它们对气候的承受能力越强。因此，所有乔木，当然也包括很多灌木在内，对温度和降雨量变化的适应能力很强。

你花园里的乔木和灌木能否承受不断上升的气温，取决于它们当前是否生长在气候适宜的地区。气候适宜的地区指的是适合植物生长的最佳环境，温度和降雨量的上下浮动都在它们的可承受范围内。这不仅适用于绝大多数本土植物，也同样适用于生长在气候条件与中纬度气候相似的地区的外来植物。

随着地球温度不断上升，有的专家建议花园主人种植那些能够更好地适应气候变暖的植物，我认为这个建议糟糕透顶。因为平均气温不断上升意味着干燥炎热的夏天和无降雪的湿冷冬天出现的频率会变得越来越高。在未来，寒季还是会出现强霜冻天气，只是比现在出现的频率要低一些。因此，在花园里种植棕榈树毫无用处。尽管它们耐寒，但是当气温低于零下10摄氏度时，它们就会被冻死。在未来我们只有一条路可走，那就是选择那些既耐热又耐寒的植物。

如果你定期记录花园里的降水量和温度，就能大致了解气候变化对花园的影响程度了。

如果想准确知道气候变化对你的花园的影响程度，那么你应该亲自测量一下花园的温度和降雨量等数据，户外寒暑表和雨量计是必不可少的装备。寒暑表上有指示温度刻度的指针（可以是机械指针或电子读数）。你可以读取上面的日最高温度和日最低温度。因为机械寒暑表只能安装在树荫下，无法直接挂在室内墙上，所以为了监测花园里的一举一动，你必须经常到花园里走一走。我建议你选择电子寒暑表，这样你坐在书桌前也能随时读取寒暑表上的数值了。

年复一年，你就可以把住所周围的环境温度与其长期变化做对比了。此外，你还可以安装一个雨量计来测量降水量（市面上也有电子雨量计，但是价位太高了），这样就能得到这两个重要参数以及它们在一年内的变化数据了。如果你觉得买两个测量仪太贵了，那么至少要准备一个雨量计来测量降水量。根据天气状况，降雨每隔几天才会出现一次，有了雨量计，你就可以监控降雨量了，这个数值比温度更重要。因为各地区温差较小，而几千米范围内的降雨量却有明显的区别。要是你的住所正好处在山坡的背风坡，这个山坡就相当于一个天气分界线，它能够将积雨云挡在山坡的迎风坡那面远离你的花园。要是附近有一小片森林，它就会对它上空的大气层产生影响。例如，我们这里的雷雨天气出现次数明显少于距我们仅10千米的小城市的雷雨天气出现次数。

想要轻松获取温度数据，你只需要取花园的日温度值与离你最近的气象站的温度值做对比即可。你会发现，两者之间的差异是有规律可循的，例如你的花园的温度总是比气象站测出来的温度高2摄氏度。所以你也可以用气象站测出的温度加上2摄氏度作为花园温度，再结合准确的降雨量数值,就可以准确地了解当地气候的变化情况了。

花园测量值覆盖的年数越多,越具有说服力。因为天气是反复多变的,光有一年的测量值根本说明不了什么。你只有通过计算好几年测量值的平均值才能判断天气变化趋势,以及你和你的花园应该采取怎样的应对措施。

下面我想通过我在林区观察到的现象跟你们讲讲在我们这个看似降雨丰富的中纬度地区,水平衡系统是多么脆弱。我在森林小道的各个沿线地方都建造了小池塘,池塘的水大多来自附近的河流。多年来,观察到像蝾螈、蟾蜍和青蛙这样的小小流亡者在这里安家令人感到无比欣喜。它们在池塘里产卵,不过一个夏天,新生的两栖动物就已经成群结队了。现在,熙熙攘攘的景象已经成为过去。在气温创新高的2003年夏天,3月到10月基本就没有真正下过雨,动物的栖息地都干涸了。随着水逐渐消失,蝾螈的后代也全都死亡了。在接下来的几年中,总会有一个夏天非常潮湿,有时一场雷雨就能淹没我们的街道,在田间小路上冲刷出深深的水沟;有时冬天会堆起厚厚的雪,土壤会被完全浸湿。然而,地下水位显然还无法从干涸状态中恢复过来。自2003年起,每年都重复着同样的剧情,小池塘每年都会干涸,随着水的流失,两栖动物的后代也会消失。

当我和我的同事交谈时,我了解到很多人都有类似的发现。这场悲剧中比较致命的一点是,这种对地下水的破坏很难被发现。你在花园里只能用雨量计测量土壤表面的水分补给情况(除非你自己有一口井)。从严格意义上来说,你只能将干旱年与正常年做对比,看看干旱年有多少不足,观察一下接下来几年的降水量是否会变得异常多。

干旱会对你的花园造成什么后果呢?首先,雨水不足对菜田和花坛不会产生什么严重的影响。我们这里说的干涸仅是地表上层干涸,如果地表干涸,你可以直接用水来浇灌它。反过来说,干旱年常常意味着蔬菜会大丰收,因为蜗牛几乎不会出来活动。

对你的水果树和观赏树来说,干旱就完全不是这么回事了。因为它们为了自给自足会把根扎得更深。如果你想在炎热的夏天浇灌植物,树木就会遇到一个问题。在"在雨水不足时,合理浇灌植物"部分,我提到过,我们不需要频繁浇灌植物,因为只有在适度"干旱"的环境中,树木的根才能不停地向下生长。黄瓜或萝卜的根也从地表下层汲取水分,当水分达到一定量时,它们的根就不会再往下生长了。然而,干旱期的树木的需水量完全是另一个数量级的。对平均株高为苹果树高度的树木而言,你需要约5升的水来浇灌它们干渴的树根。

当然,你可以用少量水提前浇灌树木,灌溉时间一般在最近一次降雨结束几周后，但是这样一来，树就会更努力地向土壤最上层扎根。它们会慢慢对每周的灌溉产生依赖，越来越难以忍受干旱。树木的体型变大后还会遇到另一个危险：它们的根系变得不稳了。树木的根就像地锚一样，使它们在秋季肆虐的狂风中能够屹立不倒。如果根扎得不深，它就极有可能会倒下。

然而，在极其干旱的时候，浇灌就变得很有意义了。到了盛夏，树木的叶子开始褪色甚至脱落的时候，如果你想帮树木补充水分，那么多浇点水，不要只是一点一点地浇。在这种情况下，多浇水有益无害。

如果地下水减少，小池塘就会干涸，蝾螈和其他两栖动物就无法生存了。

Chapter 9

我的花园地表有哪些特点呢?

当动植物死亡或其组成部分（如粪便、叶子或果实）落地时，就会被土壤微生物分解，吃掉，然后排出。最后剩下的是一堆棕黑色的物质：腐殖质。

就大自然本身而言，地表发生的所有现象仅占用其全部栖息空间的一半。最新的研究显示，地表10千米以下仍存在细菌和原始物种。每毫升地下水中就有数十万的微生物正在漂浮移动，地下生物的总数可能超过了地表所有动植物的总和。

你家房屋底下的土壤也是一个物种丰富的庞大栖息地，有待你进一步研究和考察。当你喝咖啡或品茶时，就会意识到这一点。因为无数微小轻盈的生物会随着地下水一起经过自来水厂加工，然后来到你的杯中。但由于它们对我们人类无害，有些甚至还有益处，所以你看到它们时只会觉得有趣，并不会感到恐慌。

只有地表的风化层才会对你的花园和其中的植物产生影响。土壤是肥沃还是贫瘠，是湿润还是干燥，都取决于它的母质层。因为只有地下的岩石才可以风化形成易碎的土壤。

这种风化作用持续的时间非常漫长。在最初混沌的史前时期，岩石裸露在外。强烈的温度起伏使岩石表面出现了裂缝，水分便借此机会渗入其中。冬季霜冻进一步使岩石冻结，岩石的体积不断膨胀，最后巨大的石块破裂成许多小碎片。又由于化学和生物反应产生了酸性物质，石头不断受其腐蚀，直到它们被分解成细腻无比的基质。除此之外，岩石还要经受诸如暴风雨的侵蚀等物理作用，就像被砂纸和磨砂盘打磨似的变成了细土。这些因素共同作用导致不同高度的沉积物产生的土壤厚度不一。此外，土壤中还含有腐殖质，稍后我们将对此加以说明。

石头在风化过程中产生的小颗粒，其大小和成分对土壤的肥力有着至关重要的影响。人们将这些颗粒划分为砂质土壤、较细的壤土和颗粒更细的黏土。砂质土壤分层松散，含有明显的颗粒，渗水速度快。从本质上看，壤土的结构比砂质土壤的结构更紧凑，渗水速度较慢。相比之下，黏土的组成成分非常精细，它能够积聚水分，但几乎完全不透气。以上三种类型的混合物被称作黏壤土。这种土壤能够储存水分和养分，并且透气性良好，如果腐殖质充足的话，将特别有利于植物的生长。黏壤土质量的差异主要取决于原始的母质层。

土壤的这种生成过程一直持续至今，但如今它的生成速度要远远低于远古时代。因为裸露在外的岩石直接受到气候因素的影响，而覆盖在土壤上的植物却能够很好地阻止风化的发生。这样一来，每生成1厘米厚的新土壤就需要耗费几个世纪的时间。

· 认识土壤类型

如果你想对自己花园里的土壤品质进行评估，就需要获取有关土壤母质的信息。根据土壤成土历史和地质年代不同，土壤母质中含有的营养成分差别巨大，而这些成分会被继续分解，以便植物吸收。如果你家的土壤在建造房屋期间被翻动挖掘，或此后经历过土壤加填，那么这个土壤评估也就毫无意义了，因为建筑公司常常将不同位置取样的原料混在一起。假如地基原本就不够厚，你很容易就能确定你花园里的土壤是否经历过加填。如果你刚好要挖一个地基来砌墙或打桩，那么可以借机仔细看看土壤的分层。通常土壤的最上层的是暗色区域，其中包含大量的腐殖质。如果土壤保持了原始的状态，再往下将不会再出现暗色区域，因为腐烂的叶子和植物断枝很难向下深入。加填过程会把新土壤倾倒在这个区域上，原本位于表面的暗色区域就下沉了。腐殖质层始终位于最初分层的表面。通过几处挖掘试验，你可以确定自己的花园是局部还是全部加填过。

如果你的花园土壤绝大部分未被掺杂，那么做一次细致缜密的分析还是很有意义的。虽然确认土壤母质并不容易，但只要做一次试验，你就能得到结果，很值得一试。如果运气好的话，那你甚至连块石头都不用拿起来看，因为有些地区只有一种岩石地貌，所以可以登录地质局的主页查看你的花园是否属于这些地区。从这些官方发布的各州地图信息中，你可以确定自己的居住地地下的岩石类型，上面甚至还能找到关于土壤类型和成分构成的信息。

另外还有一种可能就是查看古老的石房子。在过去的几个世纪里，由于这种类型的建筑材料一直都是就近取材，你只需看看邻居的房墙，就可以确定你家土壤来自哪种类型的岩石了。然而，这仅适用于普通人居住的房屋。因为宏伟建筑的材料一般需要从几百千米外运输过来。德国北部几乎没有古老的石房子，因为这里传统上习惯用砖块来建造房屋，因为此处大面积的土地都由砂质土壤构成，居住在这里的人无法直接获取天然的石块。因此，我们在建造老屋时使用的那种用壤土或黏土烧制而成的深红色砖块通常是砂质土壤的显著标志。

如果你想准确地知道土壤的养分来源，那么可以让人对土壤样本加以分析。秋季或早春（即下一次施肥前）是取样的最佳时机。首先，你要用铲子铲至植物根部，一般草坪只需铲至10厘米，蔬菜类的根至少为30厘米，而果树的根的深度则超过0.5米。然后，你要往桶中装入满满几大铲（从10到15个不同的地方挖掘的）土壤，用双手将土壤充分混合均匀，然后取250至500克土壤放入袋中。土壤在苗床中所处的位置不同，使用类型不同，土壤成分也各不相同，因此你都必须分别取样。你可以找像瑞福森贸易公司或农业研究机构（LUFA）这样的机构来帮你分析土壤样本。

如果这对你来说太复杂了，还有另外一种方法能使你既不用辛苦地挖掘，也不用在邻里街坊四处探究。你可以借助所谓的指示植物来确定花园土壤的养分和水分状况如何。因为每种植物都有适合自己的最佳生存空间，在最佳生存空间里它所展现的生存竞争力胜过其他物种。许多物种的最佳生存空间都是众所周知的，因此你可以利用这些物种来解读土壤的属性。在分析土壤的过程中，你需要用到两样东西：一本权威的鉴定书和花园里的一片土地，万物可以在这片土地上肆意生长，物种组合由大自然来决定。施肥或其他土壤改良措施会误导测试结果，因此，你要选择至少几年内未受到人工干预的土壤。也可以选择草坪，只要不是刚刚播过种的草坪即可，大自然会选出最适合的物种组合。

如果你已经选好了一个角落，那么就可以开始鉴定生长的物种了。重要的是找出尽可能多的指示植物，毕竟一只燕子的叫声并不完全意味着春天的到来，你也无法单凭某一种植物直接鉴定土壤。只有若干物种才能共同汇集成一个一致的结果。例如，白荨麻的良好生长预示着土壤湿度一般，但肥力良好。如果出现多种指向这个结果的其他代表性植物，如香堇菜，那么你就可以得出结论，关于土壤的谜底就揭开了。

然而，有的物种会出现与土壤相互排斥的情况，例如你把石楠花种植在酸性且贫瘠的土壤上，就会观察到排斥现象。这可能是由两个原因导致的：一是这种植物是由人工栽培而成的（植物天生就无法生长在这样的土壤中），二是你可能忽略了一些引起土壤变化的因素。譬如说一条由石灰石构成的砾石路上的石灰会使土壤变得更肥沃，pH值变高。于是路缘就会长出对营养需求较高的植物，但相隔几米的植物群落又指示出酸性土壤的结果。

指示植物也能用来评估土壤改良措施所发挥的效果。任何施肥或元素的添加都会引起植物群落的变化。像玛格丽特这种对营养几乎没有要求的植物就会被需要大量吸收肥力的植物所取代，比如黑莓。如果出现越来越多的荨麻或紫草，这就意味着之前土壤的肥力太好了。物种组合的变迁通常在一至两年内就显现出来了。

其实花园的植物群落还提供了更多信息。宽叶车前草（名副其实）指向了紧实的土壤特征，正如它的名称蕴含着道路边缘的信息。

当地的气候甚至也会反映在植物群落里。让我们举一个典型的例子：
红色的毛地黄偏爱温带海洋性气候。这种气候的主要特征为冬无严
寒，夏无酷暑。

这些分析解读有什么价值呢？其价值就在于你越了解花园土壤
的属性，就越有信心安排好种植，减少失望。

宽叶车前草能在紧实的土壤里生长。

· 促进腐殖质的形成

当动植物死亡或其组成部分（如粪便、叶子或果实）落地时，就会被土壤微生物分解，吃掉，然后排出。最后剩下的是一堆棕黑色的物质：腐殖质。

腐殖质平均含碳量达到了60%，几乎与褐煤一样多。这也是腐殖质是深褐色，有时甚至是黑色的原因。碳元素间接来自大气层。植物吸收二氧化碳（CO_2）进行光合作用，并利用阳光和水生成糖类和纤维，从而使碳元素牢牢地固定在化合物中。以植物为食的动物进一步将碳化合物吸收到体内。土壤生物（如真菌或细菌）在分解剩余物的过程中，又会将部分碳元素以二氧化碳的形式释放出来。然而，相当大比例的动植物组织会继续以腐殖质的形式留在土里。长期被绿色植物覆盖的地表，即草地或森林，一般积累的碳要比土壤生物能降解的碳更多。这一过程也会发生在花园里的草坪底下。这也是煤炭、石油和天然气形成的第一阶段。因此，化石燃料也被称为史前腐殖质。当然整个形成过程的速度极慢，但无论如何，绿化覆盖能降低大气中二氧化碳的含量,有利于环境保护:每1000平方米的大型花园每年可以吸收高达1吨的二氧化碳,这相当于一个人驾驶一辆汽车行驶6700千米或搭乘一列火车前进2.5万千米的二氧化碳排放量。

就花园土壤碳储存增长了多少这一问题,你可以用铲子挖开土层来进行抽样评估:从上部(草皮)往下,土壤的颜色先是深色的,接着越变越浅。对应土壤颜色的梯度变化,土壤中的碳含量从上到下逐渐减少。与深色层的厚度相参照,你就可以看出存储在土壤中的二氧化碳的含量。如果从某个厚度往下颜色不再变化,这说明碳含量已经非常少了。

此项评估最好在夏天的干燥期进行,这样评估结果就不会被湿气造成的颜色加深所干扰,以便你更好地区分土壤层次。

碳含量和相应的土壤分层仅发生在永久性草地或森林中,开放土壤,即田地或花床则完全不同。开放土壤大半个冬季都暴露在无保护的环境中,夏季种植黄瓜、西红柿和萝卜,通常地面还留有相当大的间隙,阳光直接照射地面,导致土壤温度升高,微生物开始享受最精细的食物。随着对太阳能量不断吸收,这些生物会逐步进入最佳状态,进而能在几年内分解掉上层土壤中的大部分腐殖质。这一过程会释放出许多营养物质,它们可以极大地促进作物生长。然而,由于植物无法在短时间内处理这些过剩的营养物质,大部分的营养物质会随着雨水沉到较深的土层里。为了不影响将来的植物生长,每三四年进行一次堆肥或每年进行绿肥施放是有必要的,这样做能防止蚯蚓等生物被饿死。

虽然钙盐是一种很受欢迎的天然肥料,但你最好少用(或完全不用),因为它和热量一样会促使作物爆发式生长,导致腐殖质消耗殆尽。这种快速的营养转化经常导致被释放出来的营养物质比植物或观赏植物实际能吸收的营养物质要多,土壤里的棕色黄金肥反而没能物尽其用。一旦养分完全耗尽,大部分腐殖质就会消失,土地的产出能力将明显低于施肥前。因此,农业生产者一直被警告不要过量施用钙肥,引用德国的一句古老的说法:"钙肥,钙肥,肥了父亲,瘦了儿子。"

如果你想保护腐殖质,只需在庄稼之间留一些无害的杂草。遮阳的杂草可以保持土壤凉爽和湿润。过剩的营养物质也不会下沉消失,而会被这些杂草吸收,就算杂草被移除,这些营养物质也可以继续留在土壤中,形成堆肥。此处,繁缕再适合不过了,它们能够随处生长,并快速形成茂密的绿色草皮。它鲜少会对蔬菜或多年生植物产生威胁,同时又很容易被除掉。除此以外,繁缕在厨房也大有用处:繁缕能被制作成沙拉或草药凝乳的添加材料,还能帮助缓解各种各样的病痛。在播种季开始的时候，你可以给花床松松土，为繁缕创造更好的生长环境——几天后，嫩苗就冒出来了。

现代农业无法离开腐殖质，尽管如此，人们常常会发现这种棕色的黄金肥并没有得到重视。果实、稻草或干草垛等所有的有机物全部被清空，几乎没给土壤里的生命留下任何东西。在寒冷季节重新施洒的液体粪肥对于蚯蚓和真菌来说，也不是什么可口的食物。这些液体中时常还残留大量的抗生素，可种植的土壤其实难以吸收到什么。虽然农田仍含有腐殖质，但是腐殖质的数量却在逐渐减少。如今大农户所依赖的腐殖质很大一部分源自很早以前生长在这片田地上的草地，甚或是森林。

繁缕是理想的地被植物。

· 有用的土壤生物

现在，我们已经了解了腐殖质是如何产生的。腐殖质是有机物经成千上万种生活在地底下的生物分解转化后形成的有机残留物。

营养物质循环的开端是动物。它们通过啃咬将叶子和茎杆变小，消化后再随体内的黏液一起排出体外。不知疲倦的花园好帮手，例如蚯蚓、蜗牛、蜱螨、弹尾虫和线虫等动物开始工作了。它们分解碎屑制造了一个有良好储水功能的水库，这对增加土壤肥力来说至关重要。

腐殖质的形成离不开两样东西：真菌和细菌。虽然不依靠其他土壤动物的准备工作，真菌和细菌也可以独立完成降解，但切分和消化过的原料可以被它们更好地分解和利用。

就个体数量而言，细菌是最大的群体。每克花园土壤含有的细菌数量或超过1亿。几乎没有细菌无法分解的有机物，而这确保了每个生物死亡后都能再次回归到自然循环里。储存在植物中的二氧化碳至少在这个阶段已经再次被释放出来了，因为这些微生物在加工过程中会释放出二氧化碳。在自然生态系统中，部分腐殖质会进入较深的土壤层中，而那里的环境对细菌来说是不利的。腐殖质就这样被封存了起来，同时被封存的还有碳元素。

最后我要指出的这群土壤生物尤其特殊：它们是真菌。真菌既不属于植物界也不属于动物界。在过去，我会毫不犹豫地将真菌归为植物，但是最新的科学研究表明，它们更接近动物，因为它们不进行光合作用，而是以其他有机物作为能量来源。许多真菌的细胞壁由甲壳质构成，和甲壳动物的外壳一样。引人注目的是一些真菌的子实体，它们因为带有菌柄和菌盖而被称为蘑菇，这与苹果树上的苹果没有区别。子实体又能飘落出无数的孢子，孢子可以继续通过风或动物在周围传播。

实际上，蘑菇活动得很隐蔽，它们通过菌丝遍布上层土壤。每克土壤中含有的菌丝体长达100米。一些种类的真菌，如牛肝菌或鳞皮牛肝菌，会与树木结为一体，它们紧紧地包裹着树根，像棉球一样从土壤中吸取水分和矿物质，再输送到根部。树则会以释放糖溶液的形式来回报这个好盟友。

花园里的真菌常常给我们带来惊喜，例如蘑菇圈（它是蘑菇子实体在草原、林地上呈环状生长的生态现象）。蘑菇圈其实是蘑菇菌丝辐射生长的产物。真菌通过菌丝体，即丝状根部，缓慢地穿过地面，吸收对它们有用的一切物质。有用的物质包含各种败死的有机物质，如死亡的草地。在外面，菌丝呈辐射状向四周生长，真菌中间的组织则随着土壤中营养的耗尽而以相同的速率死去。一年年下来，草地上就出现了这样一个巨大的环。如果真菌在秋天长出子实体，它们也只能依靠还存活的组织去繁殖，因此森林里的草坪或落叶里的覃盖也长成了一圈。

真菌有时会改变草坪的颜色。菌丝穿过土壤的地方，那里的草明显会比其他没有菌丝的区域内的草颜色更深，也更加强韧。一些花园主人因此被误导了，陷入真菌不利于草坪生长的误区。事实刚好相反：真菌分解死亡物质产生了腐殖质，再次为草坪释放出营养成分。通过菌丝体造成的颜色深度，我们就可以看出草坪质量如何。

但真菌也有一个缺点：有些植物的根系密集交错，导致雨水很难渗透土壤，真菌也就无法深入到土壤中。在夏季干燥期，草坪就会枯萎。利弊权衡之下，这一缺点被真菌改良土壤的好处抵消了，所以为了保护草坪而消除真菌的措施只会适得其反。

· 挤压作用能持续很长时间

中欧地区的土壤曾具有的原生特质大多已不复存在了。在人类定居之前，这里覆盖着一片原始森林。封闭的树木曾经是细腻松散的土壤最好的保护者，所有自然变化过程都在山毛榉树、橡树或白蜡树底下非常缓慢温和地发生着，但这个保护层被因人类大面积开垦而不断扩大的定居点逐渐瓦解。而且，这还不是全部：早期耕种农田的农民把牛拴在犁前将土块碾碎，从而改变土壤。这些犁并没有深入地底层，它们可以深入的深度不足20厘米。犁田触及的最底层，即所谓的犁底层，因此被抹平，土壤孔隙变少，结果就是：淋溶层下面的生物会窒息，大雨过后的水也不能被完全吸收，甚至会出现"浴缸效应"，即一旦下雨，一切就都会浸泡在水里，干旱期却又没有水分蒸发出来，最后"浴缸"很快就会变空。

放牧绵羊和山羊也给土地带来了不好的影响。这些动物踩踏土表，导致表层土壤的孔隙进一步减少。

我在大学时期曾参加了施瓦本侏罗山的专业学习之旅。当地的林务员向我们展示了森林的土壤剖面，即通过挖掘将土壤各层都暴露出来。我们能够很清楚地看出，大约300年前曾有人在这里放牧羊群。直到今天，被踩踏的土表还未恢复。

即便是今天，土壤也依然遭受着严重的挤压。你大可以看看那些农业机械和设备——相比之下，从前的牛犁简直轻如鸿毛。同样，过去从事林业活动的工人和马也被所谓的"收割机"，即重型收割机所取代。这些设备重达50吨以上，也难怪土壤被挤压变形。

我为什么要告诉你这些呢？因为无论是石器时代还是近20年的土地耕作和破坏，其影响至今仍在持续着。这些侵害如同记忆般不可磨灭，并且几乎无法恢复如初。通常花园的土壤都来源于这些早前已经被开垦过的土地，所以这些土壤也极可能经历过类似的破坏。只有不间断的森林历史才能保证地下的土壤孔隙不受破坏，而被挖掘机和履带式车辆搬动过的建筑土地是无法再形成森林的。

请别担心，这并不意味着你的土壤不再适合耕种。根据不同的挤压程度，土壤功能多多少少受到了限制。你需要知道的是，破坏是从什么深度开始的。是的，破坏仅在20厘米以下可以找到。令人感到疑惑的是，尽管重型设备在最顶层的土壤作业，但通常最顶层的土壤反而没有什么问题。这个谜团的答案是霜冻。冬天的雨水会与土壤混合，使其表层10至20厘米深的土壤完全冻结起来。膨胀的冰能够突破挤压，产生空隙，帮助土壤通风透气。土壤生物可以再次回归，至少能够在表面一层重新活跃起来。此外，来来往往的鼹鼠和田鼠也可以帮忙往地下输送一些空气。

关于如何识别犁底层，这里有一些提示。犁底层的第一个特征是该层土壤的透水性较差。如果雨水充沛，雨水就会积聚于此，无法渗出。因此，该层土壤很容易给人带来一种土壤湿度很高的错觉。事实刚好与此相反，受挤压的土层的水分很快又会被抽干，尤其在炎热的夏天，该层土壤对水分的需求更加旺盛。按照正确科学的说法，这一土层也被称为干湿交替区，其缺点是植被的生长特别困难，需水量高的植物在缺水的夏季难以生存，而耐旱植物在降雨季节又容易被淹死。

犁底层的第二个特征是穿透这一土层的阻力大，例如在松土时你感到非常费力。由于这一土层总是会不断再生，如果你想要松土的深度大于20厘米，就必须花费更大的力气去改善已受破坏的土壤。洞察土壤最有效的做法就是在测试点进行一次更深入的挖掘（30到40厘米），并将深挖的测试土壤与表层土壤加以比较。后者由更精细的碎屑构成，而下面挤压层的孔隙几乎为零。它看起来更像是黏土块儿，干燥后还会裂成边缘锋利的小石块。这类棱角分明的"多面体"在通气性良好的健康土壤里是不存在的。此外，孔隙闭合引起缺氧，锈斑遍布，土壤因此呈现浅灰色。

此类土壤现象虽然也可能是自然形成的，但大多数情况下，它是人类活动的产物。

土壤挤压的影响也不仅仅是以上所提到的保水性问题。因为大多数植物的根系离不开氧气，所以脆弱的根须到达犁底层就会窒息。这对根茎类蔬菜非常不利，生长在犁底层里的萝卜的外形十分难看，奇形怪状的根茎让人在厨房削皮时心情不太妙。

受挤压的土壤没有孔隙，干燥后还会裂成棱角锋利的石块。

碎屑细小的土壤碎块是一个好兆头，这说明土壤通风良好。

就树木而言，土壤挤压的问题还有其他完全不同的影响，因为它们无法正常地扎根，将会产生无法固定的后果。大家常见的云杉的浅根生长，就是土壤通气性差所导致的。

从统计学的角度来看，对于25米以上的针叶树来说，犁底层土壤就会过于紧实。因为即使在冬季，也就是中欧的暴风季节，针叶树依然保持着绿色的叶子，与叶子掉落的落叶树相反，针叶树给暴风提供了全方位的攻击面。风力10级以上，这些树就会被风吹倒。雪上加霜的是，如果此前降雨带来的雨水在受挤压的土壤里无法正常排出，地底下就会变成一团浆糊。本身长度不超过20厘米的根系很难在"布丁"般的土壤里找到任何支撑，树木会轻轻松松地斜倒下去。

如果你花园的土壤也有这些问题，那么其实你仍然可以采用很多方法去解决问题。一方面，你可以尝试使用两种物种来攻破受压区域。橡树和冷杉的根在没有氧气的情况下，也能继续向下深入，这样至少可以修复过去对土壤的部分破坏。此外，种植落叶树基本上没有问题，因为它们冬天会落叶，即使长成大树也可以保持稳定，不容易被风吹倒。

另外，种植体型相对较小的树木是一种非常安全的选择，其中典型的代表就是果树。

了解到土壤挤压对花园的影响很深远后，掘土类动物便可以闪亮登场了。地鼠和田鼠，特别是鼹鼠都是解决问题的好帮手。前两种鼠类挖掘的深度都比较小，一般不会超过50厘米，相反，鼹鼠的地穴常常要比地鼠和田鼠的地穴深两倍。挖掘行为通常不受土壤的硬度限制，而在更大的程度上取决于土壤里的食物供应：哪里的蚯蚓和金龟子幼虫多，这些近乎失明的动物就乐于聚集在哪里，用它们铲子般的爪子展开挖掘。因此，不要为草坪上一堆堆棕色的小土丘生气：这正是土壤开始恢复的征兆，这些被小动物们挖掘出来的管道系统甚至能够让更深的土层再次通风透气，土壤生物能够重新呼吸，花园的肥力也会与日俱增。此外，你还可以利用这些细腻的碎土砌水槽或小房子，或者直接把这些土均匀地撒在草丛里。只要几个星期，动物们的挖掘活动就几乎完全停止了。

但田鼠一般在地底下水平挖掘它们的通道，因此几乎不会对土壤产生积极影响。此外，田鼠还会偷吃蔬菜和花卉，跟鼹鼠相比，它们的整体优势明显弱了许多。

鼹鼠实际上比它们所背负的名声要好，它们经常帮忙松土。

·防止土壤侵蚀

现在你或许已经知道花园土壤的类型，它们的形成速度，以及它们非常脆弱的事实。在一定程度上，你可以通过施肥或堆肥来改变腐殖质成分，但原来的土壤，即黄土微粒或黏土矿物是无法人为增加的。一种改变土壤成分的特殊方法是倒入土壤母质，但这是一种暴力干预，因为在重新填充的区域内，大面积土壤生物将无法继续生存。在正常情况下，你应该妥善对待自己的花园里的土壤。受侵蚀作用影响，这些土壤通常会变得越来越少。

当森林处于理想状态时，土壤侵蚀率最低。在这种理想状态下，森林每年每平方米土壤的流失小于1克，整体上小于新生成的土壤的量。因此，森林的土层一般都会越来越厚。

农田则是另一个极端。在风和水的作用下，农田每年每平方米的土壤损失多达10千克。问题的关键不在于一次损失量，而是长年累月土壤流失叠加出来的惊人数字。同时，地下土壤的再生补给非常缓慢,导致土壤肥力不断下降。

侵蚀不是定期发生的,它的出现通常伴随着偶尔出现的极端天气事件。到处可见的向下侵蚀的大大小小的水沟让人联想到没有水的溪流。当一场雷雨带来大量降水,或者早春厚厚的积雪融化时,地面无法在短时间内完全吸收水分,结果表面就出现很多水道,汇聚成上面所说的水沟。恰恰就在这里,土壤清晰可见地流失掉,水沟又变深了一点。

现代农业会在冬季裸露的田地里,以犁田的方式留下大量的人工沟渠。这些犁田沟渠中的土壤会在寒冷季节中,受雨水冲刷影响,迅速地流失掉。

这种侵蚀也会发生在花园里。请在某次强降雨时注意花床上是否出现了小小的水流。一旦水流变成混浊的棕色,这就说明优质的花园土壤开始流失了。我们可以通过长期绿化来解决这一问题,例如在蔬菜收获后再去播种一些谷物。

另外还有一种侵蚀形式就是除草。不受欢迎的杂草深深地扎根于作物之间,如果将其拔出,一般还会带走一些土壤。将每棵杂草扔到堆肥堆之前,请你将连带的土摇下来。因为即使每棵杂草的根部只留下几克土,一个夏天下来,这些土壤也能累加到好几千克呢。

Chapter 10

本土植物和外来植物

你听说过"疯狂扩张的土豆"或者"问题百出的卷心菜"吗？没有，因为这些外来物种并没有那么争强好胜，而且它们还不耐冻，只有在精心呵护下才能过冬。

因为植物只能固守自己的方寸之地，所以花园才不受条条框框限制，给人一种放松的感觉。试想一下，如果你种的西红柿、玫瑰或木兰会移动，那你要么必须装上篱笆来限制它们的活动范围，要么只能任由它们随意移动位置。如果改为种植灌木、多年生植物和草本植物，它们就会一直待在原地不动吗？当然不是，正如我们在"外来入侵植物"部分说的，不是所有的植物都会乖乖听话。

首先，我想探讨一件看似理所应当的事情:树叶变色。如果植物能够显现出自己最喜欢的光照颜色，你就会看到一个五彩斑斓的世界,但是其中一定有一种颜色:绿色。

· 绿叶和彩色斑叶

也许你在学校的时候已经将这条生物知识牢记于心：植物通过阳光将二氧化碳和水转换成碳水化合物，即糖、纤维素，以及植物所需的其他生长物质和营养物质。这是老生常谈。虽然你也无法直接观察到光合作用，但是可以明显看到光合作用产生的效果，因为它产生的"废弃物"是绿色的。

此外，光合作用是通过叶绿素来实现的。叶绿素是一种含镁的碳氢化合物。叶绿素存在于所有的叶子里，它是绿色的，能帮助植物对光能加以利用。光包括所有波段的光线，波长从紫外线到红外线，应有尽有。然而，光合作用并没有利用所有的光，植物不需要的那部分光会被叶面反射出去。绿光是经过叶子过滤后残留的阳光，即残余光源。如果植物能利用所有的光，那它看起来应该是黑色的，因为黑色能吸收所有波长的光线。

草地、森林和花园都是绿色的，这说明很多植物都在进行光合作用。生命在我们的星球上只有两种形式（深海生物是一个特例），一种是植物，它们通过阳光来补充养分；另一种是我们人类和其他动物，需要从植物中获得营养物质。动物无法将无机物转换成生命必需的有机物。如果你到花园里瞧一瞧，就会发现，绿叶翠茎正为花园万物源源不断地输送养分。

然而，在我们的花园里，植物有时候并不满足于各种绿色的色调，比如红枫、红梅或紫叶山毛榉等植物的叶都是红色的，不同于绿色的原生品种。你也会发现，很多植物的叶上有杂色斑纹。这些品种是基因变种，它们在大自然中占据劣势，因为出现这些颜色的原因是缺少叶绿素。绿色素较少，红色的类胡萝卜素就会凸显出来，这种颜色本来到了秋天才会显现出来，但是因为绿色素不足，它在夏天就已经显现出来了，并决定了叶子的颜色。

在大自然中，这些处于劣势的植物会被它们健康的竞争者超越，因为这些植物产生的糖分较少，生长速度不够快。被超越就意味着生命的终止，因为这些"矮小"的树木发育不全，与相邻的竞争品种相比，它们获得的光照更少，在还没繁殖前就会死亡。

当然，花园里完全是另一种景象，因为人类管理着花园，他们决定谁可以占优势，谁不可以。因此，你只能在人文景观中看到这些红色品种和杂色斑纹品种。这些植物在小花园里有极大的优势，它们的高度不会超过花园主人的头顶。

· 乔木和灌木是花园里的好伙伴

    树很强势。这些庞然大物在夏风中摇摆着茂盛的树枝，让旁边的树木感到很不舒服。树木的主要武器是树干，在极端情况下，树干能长到100米以上。用树干做武器？那植物之间会相互斗争吗？

    这是一场发生在你家门前的安静的争斗。胜利者获得的奖励是光照。阳光是稀缺品，每年有成百上千的树苗为了获得足够多的光照而互相斗争。获胜的只可能是更高大的植物。一旦有一棵树的生长速度超过了其他树木，长得更高、舒展开来的枝叶完全遮挡住生长速度较慢的植物，生长速度较慢的植物接收到的光线就变少了。这些生长速度较慢的植物长势较差，枝干很脆弱，最后只能在昏暗的光线中饿死。通过这种方式，绝大多数的植物后代最后又会成为腐殖质层。现在你就能够清楚地了解树干的优势了。树干能让樱桃树、云杉或橡树长得非常高大。草地、草本植物、多年生植物和灌木只能认输，慢慢死亡。因此，在茂密的森林里，就植物生长的情况而言，土壤表面一般都很荒凉。

花园对乔木来说是一个小型生活环境。这里不适合乔木野蛮生长，而绝大多数花园主人又希望打造一个具有生物多样性的花园。然而，这并不意味着你必须舍弃这些大树。像橡树或桦树这样的树种比较温和，很多光线都能透过它们照射到大地上。水果树经过处理后，树干会变短，这也能抑制它们的长高速度，因此它们也能成为温和的花园植物。

然而，极少有花园主人会种植一片森林，因为只有在空旷的地方，我们才感觉比较舒适。太阳会温暖花坛和草坪。持续的阴影只会让人感觉压抑。从严格意义上来说，我们的花园是一片草原，其中低矮的植被占据主导地位，我们只能见到零星几棵树，而这些树大多位于花园边缘。

灌木常常是更好的选择。它们不到3米高，不会遮挡视野和下部枝干，阳光仍能透过它们照射下去。灌木的枝干在受到强大破坏时可以收缩，也可以再伸展出去。这没有什么好惊奇的，因为在大自然中，灌木需要和大型食草动物周旋。瞪羚、野牛或鹿会吃掉灌木身上的绿叶，迫使它们不停地重新生长。现在无论是野生动物还是园丁的剪刀，这些灌木都感到无所谓。灌木已经习惯在有限的空间里生长了，因此它们是理想的花园伙伴。

· 外来入侵植物

　　自从地球上有生命以来,物种就在移动。物种移动要么是为了避开变化中的气候,要么是为了开拓新的生存空间,但有一点是确定的:没有任何植物或动物拥有不变的领土。

　　当然,经过几个世纪甚至几千年后,这些变化肯定会发生。如今我们观察到的是这个小滚轮正在加速转动。在与人类共处的环境中,无论是计划过的,还是无意经过的,越来越多的动植物会占领新地区。随着外来植物的迁入,我们的环境或多或少发生了变化,我想通过下面的例子来说明这些变化。

　　过半的中欧土地是农业用地,其中大部分为耕地。最早这里是森林,后来树木被砍光,土地被翻耕。现在居住在德国的物种大多是从别的洲迁过来的。土豆、玉米和辣椒都是外来物种,人们早已习惯了这些植物,见怪不怪了。德国的森林也经历了很多变化:曾经在风中沙沙作响的山毛榉和橡树早已变成了现在的一排排云杉和松树。占土地面积至少四分之三的地方发生了物种变化，而且这些物种变化是由人类导致的。物种变化不再和大自然有关联了，但是现在我们生活在世界上人口分布最密集的地区之一，我们需要食物和消费品的供给。你可以看一眼你的花园，大致算一下你花园里的蔬菜、花卉或树木中究竟有多少是本土植物。别担心，我并不是要在道德上拷问你。因为对花园进行生态管理不仅可以为那些濒危物种提供栖息地，还能增加食物供给，也可以单纯为花园里的植物留出休养生息的时间。对我来说最重要的是阐述一个事实，即我们很早以前就已经被这些外来植物包围了。绝大多数外来植物的到来都没有成为头条新闻，因为它们知道如何适应新的环境。它们很老实，不会无节制地扩张，当我们不再精心呵护它们时就会消失。

只有当某种植物不遵循这个规律，从花园和耕地里逃出来，无节制地向外扩张时，它才会出现在新闻中。我们要更加仔细地审视这些有问题的物种。

植物也可以迁移。当然，植物无法用四只脚来走路，但是植物的胚芽可以以种子和果实的形式迁到其他地方去。植物迁到别处后，会在新的故乡重新长成成熟的植株，形成种子，再迁往其他地方。种子很轻，上面有绒毛包裹，它能被风带到几百千米以外的地方去，然后落到新的土壤中。像核桃这类植物的种子比较重，需要动物帮忙播种。

松鼠、老鼠或松鸦会将这些种子带走,埋在自己的仓库里。它们在感到饥饿时,会吃掉这些过冬的屯粮。当然,也有的动物会忘记这些屯粮,所以这些战利品中有一部分是完好无损的,它们可以在来年春天发芽生长。核桃树、橡树或山毛榉的迁移速度很慢,每10年才移动几千米。帮助它们播种的动物也不怎么远行。

植物在现代的迁移速度和以前相比完全不是一个数量级的。如今,植物通过我们人类传播。无论是汽车、火车、轮船还是飞机,现代化的交通工具都可以运输植物。所以很多植物从一个大陆迁到另一个大陆也不足为奇。这些迁移活动使我们的农业发生了多大程度的改变,你看看就知道了。在德国,无论是小麦、大麦、玉米还是土豆,绝大多数的耕地作物都来自遥远的国家和大陆。为了提高收成,这些耕地作物被人为地运到德国。森林也没有逃过此劫,曾经遍布原生落叶林的地方现在绝大部分已经被云杉和松树这种人工培植的针叶林所取代。我们的地区发生了翻天覆地的变化,现在只有少数物种是本土植物了。

绝大多数作物都有一个共同点,即它们的所在地都是经过人为分配的。你听说过"疯狂扩张的土豆"或者"问题百出的卷心菜"吗? 没有,因为这些外来物种并没有那么争强好胜,而且它们还不耐冻,只有在精心呵护下才能过冬。一旦人类不再担心收成问题,绝大多数栽培植物就会悄无声息地消失了，而大多数作物都是这样，便于人们管理。

还有一种外来植物，它们不满足于已分配的区域，无论是耕地还是你的花园，而在等待一个潜逃的好机会。这种植物的种子通过风、水或鸟类传播，很快就在整个地区生根发芽了，它们的传播速度影响了本土植物的正常生长，你再想把它们驱逐出去也成了大问题。

这种物种入侵常常开始于美丽的花园。19世纪初，德国从亚洲引进了凤仙花。这种植物的茎长2米多，开粉红色的花，能为每个花坛增添色彩。在秋天，凤仙花能生成上千粒种子，然后就迅速死去。此外，凤仙花这个名字源于一种弹射播种机制，在这种机制下，种子能被抛到几米远的地方去。如果附近有水渠，一些小种子就能掉到水里，顺水漂到其他地方去。凤仙花很快就会蔓延到整个河岸，而本土物种则会死亡。这些凤仙花组成了一片由叶子紧密排列而成的地毯，位于它下方的植物会窒息而死。当凤仙花在秋天死去时，河流和小溪的岸边没有了植被的庇护，冬季的雨水就会直接冲刷荒芜的土壤。其他类似的激进"花园逃犯"还有大豕草和日本紫菀。

有些在园艺中心售卖的植物，你最好不要种在自家花坛里。例如，源自北美的蓝莓、占领了休耕地的醉鱼草，以及那些沿着斜坡生长的加拿大一枝黄花都能很好地适应德国的环境。

那做些什么才能避免这种物种入侵呢？种植本土植物永远是比较稳妥的选择。因为无论如何，花园里的植物都会越墙而出，至少对本土植物来说，花园篱笆外的世界也还是在自家。

然而，很多花园植物都是外来物种。另类的植物往往充满吸引力。我们的本土植物仍能开出茂盛的花朵，然而，在买家的眼里，它们已经比不上那些色彩很淡却很新鲜的物种了。土豆就是一个典型的例子。把土豆引进欧洲后，在发现它的营养价值之前，人们一直认为土豆只是一种观赏植物。你看一看开着白色小花的土豆，并没有什么特别之处。随着土豆的大规模种植，这种稀有物种的魅力也逐渐丧失，如今几乎没有人会想在自己的花坛里种土豆了。

当然，你不需要放弃所有的外来物种，但是在购买前，应该事先在网上查查它的资料，了解它的习性。你可以在由德国联邦自然保护局维护的网站上了解外来物种入侵的实时资讯。你会看到，绝大多数植物都很规矩，它们会安静地待在被划分的区域内，不会给你带来任何麻烦。激进的外来物种很少。在花园里，外来物种适用的基本规则是十分之一原则：10个被引进的物种中只有1个能在花园里存活下来。存活下来的10个物种中又只有1个能跳出花园扩张到更广阔的地区去，这种情况发生的概率极低。外来植物排挤本土植物问题出现的概率也只有10%。最终1000种植物中只有1种会出现问题，对此你可以顺其自然了。这是外来物种的局限性。

但是，外来物种也可能是偶然来到你的花园的，比如，可能出现在鸟饲料中。豚草就是这些不速之客中的一种，它们能把当地的田园景色变为变态反应性疾病患者的地狱。巴伐利亚农业研究中心会播报一些异常的事情。例如一株豚草能产生近10亿粒花粉，其中含有的能引起变态反应性疾病的因子比普通青草里含有的要多几倍。因为豚草与向日葵很相近，所以它在向日葵园里不会遭到排斥。豚草的种子常常会落到鸟饲料中，在你的花园里待上40年也可以发芽。如果你在冬天喂鸟，你要注意袋子上是否印有"不含豚草"或类似的标识。这样做至少能为未来做好准备，过去10年的饲料里留下了哪些定时炸弹，我们已经很难再做评定了。

因为豚草对环境的适应能力很差，所以它只能生长在原生土壤里。如果你的花园已经种满了植物，草地和花坛里也没有什么空间了，那么豚草是无法生根的。

Chapter 11

有哪些生物在花园里爬行和飞翔呢?

在这些动物看来，房屋就是一个个形状对称的岩石，住在房屋里就像聚集在洞穴里一样。而且这些空心的岩石里还设有"温泉"，所以它们不仅可以在其中烘干身体，而且还可以取暖。真是个绝妙的好地方！

我们完全可以自行决定在花园里种植哪些植物。动物的来去是它们自己决定的，但因为它们常常需要利用花园里的植物，所以也会出现在我们的花园里。

当然，植物可能会朝着我们计划以外的方向生长。

· 领地行为

我们人类对自己的所有物的界定和其他动物是一样的。狗抬起腿在柱子下尿尿,我们种上树篱或修建花园篱笆。篱笆给外来物种进行了明确的警告:这里已经被占领了,未经允许,不得进入。与我们的动物伙伴不同,我们不会再通过武力来解决争端,而会诉诸法律。当然,武力斗争也是我们和其他动物之间的一个本质区别,否则从生物学上来说,我们与其他动物何异?而且,动物王国有一个典型特征就是只对同类划分领地和表示尊重。你说这归你所有,是你的财产,但其他动物并不认同。你邻居家养的猫就是这样,它们才不在乎女主人家与邻居家的界线在哪儿呢,它们一定会跟敌人抗争到底。家猫的领地之争常常就发生在自家门前。

如果你到花园里走走,肯定会经过无数动物的领地。这并不会对花园里的动物产生干扰,它们大多都不会注意到你,因为人类与它们并不构成竞争关系,就像鸟类、哺乳动物或昆虫也不关心是否踏足了你的领地一样。我想通过几个例子来让你了解,你和动物会在你的花园里发生多少交集。

绝大多数的鸣禽至少需要占据10000平方米大小的土地。鸣禽的种类越多,所需的营养物质就越具体,领地界线就越向外扩张。大斑啄木鸟以寄生在枯木上的生物(蚂蚁)为食,因此它们需要300000平方米大小的领地,而胆小的黑鹳占领的领地面积超过100平方千米。对鸟类来说,你的花园一般只是它们生活区域的一部分。

在哺乳动物中,老鼠有10平方米的活动面积就已经很满足了,松鼠需要占据好几万平方米大小的地方,狐狸和它的后代也需要至少200000平方米的活动范围。我们人类能够拥有一个几百平方米大小的花园就已经不错了。

当然,人类和其他动物的领地之间存在巨大差异。我们花园的篱笆在一年的时间里都围着固定的区域不会改变,而绝大多数动物只有在繁殖期或哺乳期才会划分领地。在秋天,当幼畜能够独自站立或者至少已经可以自食其力时,动物们才会解除领地的限制。这也是观察某类动物大家族的最好时机。鸟巢周围的灌木和树里,鸟儿驻足停留,一片和睦;只有在直接抢夺食物时,它们才会小声争吵。

鼬标记领地的方式让人印象深刻,它们通过将肛腺的分泌物留在显眼的地方来标记领地。这些被标记的对象常常也包括一辆驶入车站停靠的车辆的发动机舱。发动机舱里很干燥,发动机的余温让舱内变得很温暖,还有比这儿更好的洞穴吗?如果你总是将车辆停在同一个位置,就经常能在车辆的发动机舱里找到鼬类动物的活动痕迹。也许这些新居民会拖进来一些边角料,时不时也会留下它们吃剩的残渣,比如老鼠的残骸,但不会损坏轿车的功能。当你在朋友家或亲戚家过夜,把车停在他们家门前时,情况就完全不同了。因为那里是其他鼬类动物的领地,这个区域只允许有它们的气味。你的车带来了其他鼬类的气味,在当地的鼬类动物看来,这表明有竞争对手敢于在自己的领地留下气味标记。当地的鼬类动物会气得跳脚,试图通过撕咬攻击来去掉这种陌生气味。它们会猛烈攻击汽车的橡胶内胎,这些粗鲁的动物有时还会抓破和撕碎发动机的隔热垫。如果鼬类动物破坏了发动机舱内的重要零部件,发动机就会发生严重损坏,而这种损坏一般不在保险索赔范围内。

如果你将车辆停在他人的车位上,你的汽车就很有可能发生损坏。这还不够,当地的鼬类也会留下它们的气味,等你回到家时,这种气味又会惹到你家附近的鼬类。此时,你只能通过清洗发动机和安装防护罩来补救。我自己已经尝试过以下所有方法:在发动机舱里放石头或一小包狗毛,在发动机舱下放六边形铁丝网,在发动机上撒上胡椒。所有方法都不是长久之计。当我们的最后一辆车又遭殃时,我在

⧖ 掠夺成性的喜鹊

去年春天的一天，我从办公室的窗户向花园里望去，正好目睹了一场争斗。一只喜鹊将一只欧洲椋鸟的雏鸟从老桦树里的巢穴里拖了出来，正打算把它吃掉。我的妻子跑出门外吓跑了喜鹊。小欧洲椋鸟的头部出血，但还是很清醒。我从车库里拿出一个梯子，把这个小家伙送回到巢穴中，和它的兄弟待在一起。没过多久，小欧洲椋鸟的父母就飞回来给它喂食了。

我们这样做是否正确呢？从喜鹊的角度看肯定不对，因为它们在帮幼鸟觅食，这些幼鸟正在巢穴里嗷嗷待哺，而到手的肥肉就这么被我们拿走了。如果这样算的话，绝大多数鸟类都不愿意孵第二次蛋了。

谁会同情蝴蝶的幼虫呢？它们被山雀和红尾鸲无情地咬死。谁又会同情那些被猫或猫头鹰吃掉的老鼠妈妈呢？幼鼠还徒劳地等着它回家呢！

我知道，幼鸟特别容易激起人的同情心。我敢肯定如果以后遇到同样的情况，我还是会冲上去阻止的。这种干预实际上是不正确的，因为我们进行干预的前提是喜鹊在做坏事，而觅食和喂食只是喜鹊的本能反应。

如果人类住所附近的喜鹊繁殖过多，这就很令人头疼了。然而，这只会在以下情况下发生，即由于我们的生态系统发生变化，我们住所周围变成了喜鹊的天堂。鸟类的繁殖速度过快恰恰是由我们自己的错误造成的。

因为喜鹊臭名昭著，所以我们常常会忽略这种聪明的动物的美。假设喜鹊濒临灭绝，你会多么期望再次看到这种美丽的鸟类呢？

发动机舱里装了一个电气设备，其中包括一些小金属板，把它们铺在鼬类的必经之路上。我请了一个专业的汽车修理员帮我把整个装置用电缆连接在一起，再接到一个电箱上。从此以后，我的车再也没有遭到过鼬类的攻击了。因为金属板采用了电网的工作原理：一旦动物碰到金属，就会受到小电流的攻击。虽然鼬类避开了这个充满敌意的地方，但是它们还是会窜到花园的其他角落去。

花园里的绝大多数动物都很小，它们的领地也一样很小。无论是老鼠、昆虫，还是蜘蛛，我们几乎都感觉不到它们的存在，更别提它们的小领地了。然而，当这些小动物攻击我们的花园植物时，情况就变得完全不同了。

· 益虫和害虫

　　海因茨·埃尔文是生态园艺管理的先驱。年少时,我曾去他的公司拜访过,他的公司坐落于莱茵河畔雷马根的高地上,他将这里称为"天堂"。埃尔文先生古怪的处事方式给我留下了非常深刻的印象,他一贯的做法在当时的情况下是具有革命性的。我现在还能记起茂密的植被,精心呵护的接骨木灌木,到处可见填满稻草倒挂着的花盆。埃尔文告诉我,这些倒挂的花盆是地蜈蚣的住所,它们能消灭农作物中的害虫。回到家后,我也将装满稻草的花盆挂在了我父母的花园里。

　　现在回想起来,我当时有点兴奋过头了。虽然地蜈蚣以蚜虫为食,但它们有时也会破坏蔬菜,津津有味地把蔬菜啃出一个个小洞。归根结底,人们对动物进行了明确的分类,即益虫和害虫两大类。然而,大自然运作起来并没有这么简单,因为我们的动物伙伴其实无所谓我们人类对它们是怎样划分的。在这个世界上,我们彼此之间知之甚少,当我们极力驱赶某种动物时,更是如此。一个典型的例子出现在20世纪早期，当时巨型蟾蜍被出口到澳大利亚。这些蟾蜍是用来对抗甘蔗种植园里的害虫的，以某种甲虫为食，而这种甲虫会吃掉植物的甜茎。然而，被放出来的蟾蜍无视了这个被人类指定的任务，反而去骚扰其他的本土动物。巨型蟾蜍的腺体会分泌出有毒物质，巨蜥或蛇这样的两栖动物如果以它们为食，就会有生命危险。巨型蟾蜍又怎会知道这些呢？巨型蟾蜍从澳大利亚东北部的甘蔗种植园一直向西部地区扩散，导致本土动物大量死亡，永无尽头。

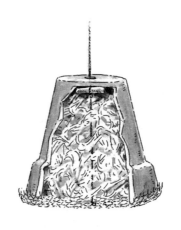

借助现代化的遗传工程技术，你可以通过嵌入基因片段直接与有害生物做斗争，即把这些实验室创造的新物种放入野生群体中，传播疾病。当然，我们希望这不要变成一种常用手段。因为每种生物都是食物链的组成部分，当我们拿走一个部分，整个食物链就会断裂。令我们感到气恼的蚜虫也不例外。蚜虫会分泌含糖物质，蚂蚁或蜜蜂等很多昆虫都喜欢吃。

将大自然生物按照善与恶、有益和有害进行分类太片面，这是对大自然生物之间错综复杂联系的错误认识。与和一种你不喜欢的生物抗争或者促进一种你喜欢的生物生长相比，加强你花园里的生态平衡更有意义。像菜田、小树林、枯木堆或树木等很多场所都为你的花园丰富的生物多样性提供了保障。生物多样的地方，单个物种的生长能得到有效控制。

当然，我们不应该因为讨厌一种生物，就对它赶尽杀绝。然而，当它们给我们带来很多麻烦时，我们至少可以限制一下它们的活动。正如我们将在下文中看到的，这也不是一件容易实现的事情。

干柴堆给很多动物提供了栖息场所，它能增进你花园里的物种多样性。

· 捕食者和猎物

　　如果你设计的花园能够吸引到益虫，那么你的菜田里发生虫害的概率肯定会减小。无论是捕食蜗牛的刺猬，消灭蚜虫的瓢虫，还是以毛虫为食的云雀，你只要为它们提供舒适的栖息地，花园里就不会再出现什么问题了。这种思维方式还是我在青年时代从海因茨·埃尔文先生那里了解到的。

　　实际上，捕食者和猎物的关系要更复杂一些，不是人为能干预的。加拿人的一项研究对这种关系做了最好的诠释。这项研究旨在探究驼鹿和狼的关系。其实你的花园里根本不会出现这种大型哺乳动物，但是这些原理普遍适用于所有存在捕食者和猎物关系的动物。

　　在北美五大湖地区的岛上生活着一群驼鹿。令护林人感到遗憾的是，这些驼鹿对刚发芽的小树苗造成了严重的破坏，导致树苗无法再生。在特别寒冷的冬天，湖里的水会结冻，此时狼群就可以上岛了。狼遇到驼鹿就会猛扑上去。由于丰富的食物供给，狼群的繁殖速度变得很快,使得驼鹿越来越难逃脱。这种食草动物的数量开始减少,小树林又变得郁郁葱葱了。与数量急剧增加的狼群相比,鹿群的数量变得稀少,狼群的捕食也因此变得越来越困难,很多狼都饿死了。接着驼鹿的数量就会增加,小树苗又会遭殃。好几年过后,狼群的数量又会增多。这个情景会重复上演好几次,直到有一天,岛上的驼鹿数量变得非常稀少时,狼全部饿死。

这个戏剧性事件的本质是捕食者和猎物的数量呈现波浪状变化趋势。捕食者和猎物之间相互影响。这些波浪线会在不同的时间点达到顶峰。起初猎物的数量急剧增加。由于食物供给增多,捕食者的数量也开始增加。这种现象在图表里体现为两条交错的波浪线。

理论部分讲得够多了。你花园里所有的生物到底指的是哪些生物呢?我们说的"被捕食者"指的是蚜虫、蜗牛和毛虫,"捕食者"指的是瓢虫、刺猬和山雀。在益虫繁殖之前,害虫的数量一定要足够多。否则山雀的幼崽就没有东西可吃了。你在花园里很容易观察到这些现象:首先,瓢虫在夏天才会出现,在这之前,蚜虫和毛虫就已经占领菜田和花田了。山雀以及其他因丰富的昆虫而受益的捕食者会孵化3次而非2次,这样到了秋天,它们的数量就会大幅增加。益虫的数量也非常多,但是当我们的花园需要帮助时,等它们出现已经太晚了。它们成群结队地出现标志着花园四周环境中的蚜虫灾害已经十分严重。就像2009年波罗的海沿岸发生的瓢虫灾害一样。暑假来海滩晒太阳的度假者就被这些瓢虫搅坏了心情，甚至不得不离开。

然而，很多时候你需要帮助山雀、刺猬或其他动物安家。因为人工培植的景观中常常缺少合适的寄生空间，以至于虽然猎物的种类十分丰富，但是生态环境依然无法达到平衡状态。在这里放一个巢箱，在那里放一堆干柴，都可以为你花园里的动物们提供帮助。如果不是每个巢箱或干柴堆都有动物安家，那你可以这样安慰自己：很明显，我的田里没有足够的害虫供这些花园小帮手食用。

·大规模繁殖

每种动物都会将体内剩余的营养物质用于繁殖，食物越多，它们能生出来的幼崽越多，幼崽的成活率也越高。

如果你的花园和你周围环境中的植物种类很多年都没有什么明显的变化，那么害虫的占比应该就已经比较稳定了，它们应该已经和周围环境达到了一个稳定的平衡点。然而，还是不断有蚜虫、蝴蝶和田鼠大规模繁殖的现象存在，这是由很多原因造成的。

第一个原因是冬季和春季有利的天气条件。所有动物包括人类在内都喜欢温暖干燥的天气。这样的天气能让人保持健康，感觉身体舒适和精力充沛。第二个原因是充足的食物供给。食物充足意味着繁殖的后代多。第三个原因是缺少病原体。冬季的低温天气过去后，动物的数量在春天会达到最低点。有的动物是饿死的，有的动物是冻死或被其他动物吃掉的。因为动物一般不会在冬天繁殖后代，所以很多动物到了冬季会冬眠或以幼年期（卵、蛹）的形式度过。这样它们就不会遭受任何损失。只有当不同物种以及同种动物间接触的机会增多时，疾病才会传播。在春季开始时，这两种情况都很少见，所以动物的下一代几乎不会受到损伤。

每种动物都希望尽快繁殖，这样种群内部的个体数量能恢复到之前的水平。为此它们有很多不同的策略。

蚜虫在春季不会交配，雌蚜虫不受精也可以产卵。蚜虫的繁殖速度比其他需要交配的动物的繁殖速度要快得多。按照食物的供应量，每只雌蚜虫每天可以产6只卵。只要鲜嫩多汁的蔬菜或玫瑰花瓣足够多，蚜虫的数量就会不停地增加。

即将到来的这个秋天对蝴蝶的幼虫来说很关键。如果有足够多的雌性蝴蝶能将卵产在寄主植物上，到了春天就会有一群毛虫孵化出来。然而，只有天还不太凉且较干燥时，这种毛虫才能成长起来。在这样的天气条件下，毛虫很快就会把整个多年生植物、灌木或乔木上的叶子吃光。

田鼠总能让人大吃一惊。因为当雪融化时，你就会看到，这些小型哺乳动物在严寒天气里也会在草地里挖地道，把草吃掉。当雪水从一些田鼠洞里涌出来时，它们就会全身湿透，然后被冻僵。然而，绝大多数啮齿目动物都可以安然无恙地迎接来年春天。

花园里最常见的田鼠是姬鼠,它们是最不受欢迎的大田鼠的近亲。姬鼠和大田鼠一样,爱吃青翠欲滴的绿色植物。它们全年都在繁殖,有些姬鼠一个妊娠期只有4周。姬鼠的幼崽在2周后就已经具有生殖能力了,分娩也只需要4周时间。为了让所有姬鼠的幼崽都能喝到足够的奶,姬鼠妈妈们也会互相帮助。因此,姬鼠的数量会不断增加,增长速度非常快。在一个好年头,花园里每10平方米土地就会冒出2只姬鼠(具体有多少只姬鼠,你可以自己算一下)。

这些"鼠年"平均每3年就会出现一次。和蚜虫一样,有利的天气情况和充足的食物供给对姬鼠的泛滥起着关键作用。

蚜虫、毛虫或老鼠在大规模繁殖后,肯定会进行一场激烈的争斗(斗争不仅仅会发生在花园里),因为领地之争在所难免。虽然到了夏末,毛虫的天敌数量明显增加,会导致它们的数量迅速减少,但是根本的原因你只有通过显微镜才能看到:病原体扩散到了毛虫的密集地区。因为毛虫密密麻麻地排列在一起,所以病毒和细菌会从一只毛虫身上跳到另一只毛虫身上,快速蔓延到整个种群。直到没有其他的毛虫可以传播疾病时,这些病毒和细菌才会停下来。因此,在毛虫大规模繁殖后的一年里,虫害发生的频率通常会下降一些。

还有很多其他因素会让不受欢迎的物种的数量迅速减少。一方面，当地的食物短缺影响了蝴蝶繁殖后代的速度。当栎绿卷蛾把树上所有的树叶都吃完时，蝴蝶的幼虫就开始休息了。如果幼虫不能完成从毛虫到蛹期再到蝴蝶的蜕变，那就太不走运了，最终又会回到腐殖质层中去。

另一方面，现在捕食者的数量很多。整个夏天，食物供给充足，瓢虫、山雀或鹰也能快速繁殖，它们的后代让猎物变得更少，花园里常常一片寂静。当然，这种情况的坏处是，随着时间的流逝，捕食者也会慢慢死去，它们的数量也会急剧减少。很多捕食者幼崽会饿死或出走，被我们视作花园小帮手的动物数量又会回到一个低点。

你根本无法阻止大规模繁殖现象的发生，因为等到采取措施的时候，这种现象一般已经消失了。虫害常常在6月重新爆发，山雀这时还无法及时赶到。你也许可以救助一两株受灾植物，但是无法保护整片绿植，也无法抵抗田鼠入侵，在这里我只能建议你忍耐一段时间。我在之前的章节中曾提过：你的花园里的物种越丰富，来这里的捕食者越多，它们为你提供的帮助就越多。

在这里，我还要提一下一种针对田鼠的超声波仪器。请不要使用这种仪器。除了效果欠佳外，这种仪器会对环境造成一级噪声污染。

我们虽然听不到仪器持续发出的噪声，但是它对很多动物都会造成伤害，比如蝙蝠。蝙蝠会在夜间捕食冬桦尺蛾，你肯定不希望噪声把它们吓跑了。

鼠疫会让人非常难受，但是这种难受不会持续很长一段时间。

· 冬天的鸟

前年我打破了一个禁忌。我给鸟儿做了一个喂食器，并将它放在我们的花园里。这种装置我抵制了20年，对此也有很多充分的理由。为了让你能理解我思想的转变过程，我来说明一下我的理由。

首先要提的是物种进化。在大自然中，每个物种都在不断地为争夺领地而互相斗争。这种斗争能帮助它们适应新环境，使它们保持充沛的精力。一个重要的自然选择因素是出现在冬日的严寒和食物短缺。适者生存，赢家才能在下一个春天继续繁殖。这时候，使用喂食器就是违反自然规律。那些病弱的个体也以燕麦、多肉植物的种子和向日葵的种子为食，让这些鸟儿听天由命不是更好吗？

我们的地形，我们的花园已经不再像原始的大自然一样了。草本植物枯萎的种茎曾经随处可见，上千立方米的腐烂枯木中寄居着数十亿只昆虫的幼虫。如今绝大部分地方已是一片荒芜。若我们的活动和秩序使鸟类挨饿，那么适当地干预，给它们喂食又有什么不合适的呢？如果这个理由都不算充分的话，我们什么时候才能同情这些鸟类呢？难道只有当生态环境到达极限，大自然变得贫瘠时，我们才能同情它们吗？当鸟类到了生死攸关的时刻，我认为喂食就是一种拯救他们的合适方法，我和我的家庭都会保持对这些鸟类的同情心。

反对喂食的人提出了种群动态的观点。近80%的动物幼崽无法熬到第二年的夏天，这再正常不过了。因此，鸟类常常每年要孵2次蛋，有时甚至需要孵3次蛋才能弥补这些损失。通过喂食，我们能帮助更多的幼鸟熬过冬天，到了春天，鸟类的数量就会增加，曾经合适的鸟巢也变得拥挤了。

此外，物种组成被歪曲：山雀面包圈和混合饲料只能惠及少数本土物种，喂食是以牺牲其他物种为代价的。这个论点几乎无可辩驳。当然，我不能肯定地说这样做的后果有多严重，因为几乎看不到相关的研究报告。

事实是，我们花园里的物种组成早就与原始大自然中的物种组成不一样了。早在几个世纪以前，世界上就已经出现了大批森林物种向草原物种转移的现象。很难说现代化的喂鸟方式是否会进一步推动这种发展。因为除了像麻雀这种饲养鸟类外，还有像啄木鸟这样的森林鸟类飞到鸟巢来。喂食对一种鸟类来说其实是不利的,这类鸟就是候鸟。因为当候鸟在南方停留时,很多留鸟(全年都待在我们身边的鸟类)的幼鸟在北方能够安然度过冬天,它们的数量已经超出了正常比例。在候鸟开始迁回北方之前,留鸟早已占领了绝大多数的栖息地。等到候鸟飞回来的时候,它们与留鸟对食物和栖息地的竞争比它们迁徙之前要激烈得多。现在你可能会想,我们应该专门为候鸟建造一些鸟巢,至少能缓解它们的居住困难。这样做又会带来其他问题,接下来我们会对此做进一步探讨。

无论如何,冬饲对我们来说大有裨益:你可以近距离观察到那些平常生活在隐蔽处的胆小的鸟类。前年冬天,当我克服对喂食器的反感,开始使用这种小装置后,很快就收获了满满的惊喜。在冬饲开始后不久,中斑啄木鸟就出现了。它们一般只出现在原生态的老树林里。它们的出现表明实施了15年的生态林管理措施也影响了动物世界。如果没有给鸟类喂食,我也许永远都不知道,这些稀有物种早已搬进了我所在的林区。

我得出的结论是:冬饲利大于弊。通过冬饲,我们可以欣赏很多珍稀鸟类,从中获得乐趣,增长对鸟类的知识,冬饲也能帮助那些在我们的耕地上挨饿的鸟类安全度过寒冬。等到春天来临,我就把喂食器收起来了,以免干预留鸟和候鸟之间的竞争。同时,我尝试为候鸟创造天然的食物来源。被折断的树可以作为昆虫的避难所和啄木鸟的食物来源。你也可以种植蔷薇，它是老品种，能结出野蔷薇果。

· 为鸟筑巢

热爱大自然,而且有自己的花园的人,总会问自己:我该不该挂巢箱?

我们的花园里就有一个山雀箱,在里面孵育幼崽的却往往是五十雀。你可能已经在想:对,这里也有一个跟哺育鸟类相似的问题。如果你只是因为可以很好地观察鸟类的孵化过程,出于消遣娱乐的目的而挂出这个箱子,就没什么好讨论的了。通过精心悬挂的巢箱进行观察是很有效的。为了自己的需要而这么做也无可厚非——毕竟对自然的热爱也是一个重要因素。但如果你想帮助动物,那么就需要关注一些其他方面。

第一个方面是物种的多样性。在园艺中心和邮寄商店出售的巢箱一般只会吸引特定鸟类。通过调节入口孔径和巢箱的大小,我们可以引来不同的鸟类入住这个人工巢穴。至于这项投资对花园主人来说值不值得,这就要看巢箱内孵化活动进行得如何了。鸟类世界对这样的帮助需求越大，巢箱获得成功的可能性就越大。谁会买一个常年没有用武之地的巢箱孤零零地挂着，只为了等待一个被逼得走投无路的物种前来投靠？如果没有鸟类前来，可能是因为巢箱结构有问题，那么这个巢箱显然就是一项失败的投资。园艺中心现在为了让顾客满意，只给最常见的品种提供巢箱帮助，而不是所有披着羽毛的客人。山雀、五十雀、燕子和红尾鸲都是漂亮的鸟类，但并不罕见。帮它们寻找巢穴，意味着在本地扩大它们本就庞大的群体规模。因为花园的生存空间已经被分配给不同的物种，每个小生境都已经被占据，对某几种鸟类提供援助会让生态平衡倾斜。如果上千只山雀或者五十雀住进人工巢穴，就有可能养育上千的后代，然后这些幼崽为了找虫子吃会在花园里到处溜达。

　　尽管有诸多问题，巢箱援助还是有它的合理性。它让我们在活动中参与大自然，保持与它的联结，并因此对我们的环境保持敏感。如果你不想错过这种观察的机会但又想尽可能少地干涉自然界的平衡，那么可以采取如下做法：在夏半年的时候观察哪些鸟类到访了你的花园。多数情况下这些来客里应该有不同种类的山雀和五十雀。如果想确保获得成功，你可以提供一个飞入孔直径为32毫米的山雀巢箱。这一直径（而不是巢穴大小）决定了谁会入住这个巢箱。如果你家附近也有麻雀出没，那么你就必须设置一个直径为36毫米的入口，这样那些褐色外衣的家伙才能入住。

然而这应该是一个适用于各种鸟类的巢箱，因为稀有品种也应该有机会入住其中。究竟什么是稀有品种，这取决于你的周边环境。所有典型巢箱都有一个共同点：模仿了一个空心的树干。在这样一个树干的内部或附近住着上文多次提到的山雀和五十雀，以及其他一些旋木雀科的小鸟，当然也有体型大一些的品种，如啄木鸟、欧鸽、猫头鹰和鹅。

这样一个空心的树干在大自然中一般出现在森林或者草地果园里。你的人造树洞能否成功，仍然取决于你家周围的环境。如果你和你的邻居的花园里有很多树木，附近有一个树木茂盛的公园，或者离森林边缘不远，那么你也可能碰到啄木鸟和其他品种。为什么不给这些不常见的物种也提供一个房间呢？给体型大的物种提供更多的巢箱其实并没有意义，因为它们的活动范围非常广泛，所以哺育后代的雌雄鸟类无法在你家周围生存下来。如果这位客人是个小个头，像红尾鸲一样，那么一个巢箱就很适合它了。红尾鸲这个"2011年度鸟类"在野外面临严重生存威胁，但它们在树木茂密的小花园里倒过上了格外舒适的生活。

可是如果你家附近树木匮乏，那你还是去帮助像燕子或家麻雀一样喜欢平原生活的物种吧。

· 不受欢迎的占屋者

有些动物种类在我们原本为自己规划的居室内住得十分惬意。我们觉得失礼的行为，这些同屋生物倒不认为有任何不妥，因为它们分不清自然环境和人造环境。在这些动物看来，房屋就是一个个形状对称的岩石，住在房屋里就像聚集在洞穴里一样。而且这些空心的岩石里还设有"温泉"，所以它们不仅可以在其中烘干身体，而且还可以取暖。真是个绝妙的好地方！难怪有些物种着了魔似的被吸引至此。

只要活动范围不超过天花板，有些物种还是可以忍受的。比如蝙蝠就喜欢夏天在库房落脚，以便能够不受天气影响地哺育它们的幼崽。不好的方面是，这些动物随地落下粪便，会弄脏你的存货。给仓库里的物品盖上一层薄膜可以起到防护作用，作为犒赏，你可以每晚观察蝙蝠飞行。

其他哺乳动物的造访就没这么有趣了。老鼠、睡鼠和鼬窜来窜去的噪声会让你整夜无眠。这时只能让捕兽器帮忙了，只有捕兽器才能让这些不请自来的客人另寻一个新住处（最好是森林边缘）。为了不让下一个流浪汉很快搬进仓库，你应该查找可能的入口。我们家长了一些常春藤，一直蔓延到屋顶边缘。一些姬鼠会定期顺着藤蔓爬上屋架，进入库房。为了制止这场闹剧我们最终剪完了那些植物。

鼬大多从通风口潜入。请不要用建筑泡沫堵住这些口子（这也是最近一个熟人跟我讲的）。一方面，这样做之后，你就无法通风；另一方面，鼬会用它们锋利的爪子在几分钟内扯掉这些路障。你可以用金属网格填住那些孔隙，或者在出风口前钉上钉子，加以防护。

我们的"人造岩洞"不能帮助动物过冬。"人造岩洞"虽然像天然岩洞一样不会结冰，但它们却像夏天一样炎热。炎热环境会刺激我们这些动物客人的血液循环和新陈代谢，使它们因为很快消耗掉体内的脂肪储备而感到饥饿，所以像瓢虫或草蛉这样的流浪者还是得赶紧请到屋外去。

· 外来入侵动物

　　我的花园里有两棵苹果树，20年前我们搬来林务所时，父母把它们送给了我。多年来它们就这么瘦瘦弱弱地长在林务所前那片贫瘠的土地上。5年前我开始给树根周围的一圈土施堆肥，结果这两棵苹果树真的感激地吸收了肥料，卖力生长，并在接下来那个春天第一次花繁叶茂。苹果越长越大，我已经等不及迎接秋天了。后来，一次狂风中，一截挂满了果子的枝丫从树冠处折断了。我以为树枝是因为承受不了苹果的重量而被压断的，但仔细一看才发现，树枝是空心的，内部还有被啃咬的痕迹。我掰开枝条，里面滚落出一条黄白相间，约6厘米长的幼虫。我当时吓了一跳，因为曾经多次听说过钻入树木的天牛，比如麝天牛或桑天牛，会对树木造成不小伤害。天牛？应该就是这个没错了。在网上搜索以后我又看到一些吓人的预测：天牛2008年夏天第一次出现在德国费马恩岛。它在树干和枝丫里啃咬出一条条隧道，直到幼虫成蛹，7月份时幼虫就从数厘米长的虫洞中钻出来。受侵害的树木必须被清除和焚烧，为了预防虫害，方圆几千米范围内可能遭到虫蛀的植物，比如果树、花楸、山楂，也都被喷洒了杀虫剂。

想象这些都发生在我们进行生态种植的花园里，我便不寒而栗。于是我又凑近观察了一下：这些可怕的入侵者的幼虫体型略扁，头部横阔，带有咀嚼式口器。我发现的这个生物看上去更像蝴蝶的幼虫，身上带有黑色小点点。查了百科全书后我才松了一口气。这原来是豹蠹蛾（一种常见的蝴蝶）的幼虫。豹蠹蛾虽然也侵害落叶树并留下伤痕，但因为每棵树常常只有一只幼虫，就没那么可怕了。

明显让人更不舒服的是某类瓢虫的到访。瓢虫是昆虫里少有的让我们很有好感的种类。除了外形漂亮，翅膀上有可爱的斑点之外，瓢虫的幼虫还能消灭蚜虫，因而让人颇为赞赏。而现在又闯入了一位外来客，它给花园带来的影响可不仅仅是正面的。这种眼下在我们的花园里繁衍生息的昆虫就是亚洲瓢虫。与天牛相反，这种瓢虫是人们主动引进的，用于对抗虫害。法国和比利时的生态企业想用这些小帮手取代杀虫剂，这种倡导真是值得赞扬。和本土品种一样，亚洲瓢虫最爱吃的也是蚜虫，而它们每天确实能消灭200只蚜虫。大快人心？可不能轻易下此结论。因为这个外来客也会吃掉其他昆虫，再说，这里的小生境已经被世代居住于此的瓢虫占领了。亚洲瓢虫繁殖速度极快，这样一来食物就变得紧缺，所以有时候它们也会吃同类及其幼虫。这会限制本土瓢虫的生存吗？科学家担心，某些瓢虫品种可能会消失。

同时，这些新进物种也让我们人类饱受困扰，例如秋天它们会成千上万地聚集在房屋立面或屋顶上，想要钻进室内。亚洲瓢虫不会伤害任何人，"只是"令人厌烦。葡萄农们害怕这些入侵者，因为在收获的季节它们会爬到葡萄上。如果它们混入用葡萄制作的果酒中，这就是一件很可怕的事情了，因为它们产生的腺体分泌物会使整坛果酒变质。

你也可以在自己的花园里查看一下，看看亚洲瓢虫是不是已经来了。亚洲瓢虫体型相对较大（6到8毫米），大多数身上有19个斑点。它的前胸背板上有一个白底黑字的M(观察角度不同的话，这也可能是个W)。一旦发现这一标志，你花园里的入侵者就极有可能是那位新居民。不过也不能百分百确定，因为不是所有亚洲瓢虫都有这种醒目的配色。有时人们会引用这样的说明，说本地瓢虫身上只有7个斑点，其实并非如此。因为即使是本土的瓢虫根据品种不同也会有多到20个斑点，某些（极少数）瓢虫同样带有明显的M标记。但如果同时带有所有标记（体型大、19个斑点、M标记），那么入侵者是"亚洲瓢虫"的概率就非常高了。

对于一些其他外来移民，我们早就习惯了。比如灰斑鸠，从20世纪40年代开始就从欧洲东南部向中欧迁徙，并自此慢慢向欧洲西北方向扩展。这种米色和灰色相间的动物有一个标志性的黑色颈环，因此很容易跟本土品种区分开。灰斑鸠是喜欢在人类聚居地生存的典型生物（尽管它们是后来才有这一习性的）。它们只能在人工平原生存，在本土的原始落叶林里是没有生存机会的。

田鸫的情况也差不多，它们在近几十年大量繁衍扩张。不过田鸫的路线是从东欧迁徙到西伯利亚泰加林地带，并持续向西迁移。在许多地方，田鸫不只是冬天来的客人，它们也会在这儿孵化后代。松鼠和乌鸦给鸟蛋和雏鸟造成很大威胁。你可能只会在它们防御捕食者的时候，观察到孵蛋的田鸫。那时田鸫往敌人的方向飞去，咔咔地发出御敌的鸣叫声。

你现在已经认识了外来物种的不同代表，其中有一批动物是人类主动引进的物种，尽管这些物种后来不受控制地在它们的新避难所扩张繁衍。另外一群动物则是追随我们而来的物种，它们在人造景观里找到了跟它们的家乡类似的环境（人工平原）。即使完全不受人类影响，这种物种组合也会不断变化，因为环境在持续变迁。冷暖之间的波动一直存在，也会继续保持。随着温度变化，生存空间也相应改变，喜暖的山毛榉5000年来都在不断北迁，并因此威胁到了向东边扩张的橡树。不同树木种类牵引出一个庞大的动物种群（比方山毛榉就带动了6000种动物），为了获取生存所需的基本条件，这些动物也要跟着一起迁徙。大自然从来不是静态的，它始终意味着永恒的变迁。我们人类如今用力转动着调节气候的螺栓，这完全是另外一件事。

亚洲瓢虫对德国造成侵扰。

· 野生动物和驯养动物

我们总能在媒体上看到野猪侵扰的报道。不管是在花园前院、葡萄园,还是在柏林亚历山大广场,这种鬃毛动物都留下了足迹,在人类面前似乎一点都不扭捏。以前情况可不是这样的。花园主人们只能沮丧地看着他们精心种下的郁金香球茎被野猪拱出来,草地也被翻了个底儿朝天,人们不得不重新播种。

除了可口的蔬菜和水果外,野猪最喜欢吃肉。它们可以在草皮下找到蚯蚓和田鼠当作肉食。可是野猪究竟为什么出现在居民区呢?归根结底是因为人口增长迅猛,迫使很多物种去寻找新的生存空间。德国官方,也就是森林管理部门,以及猎人团体对此有两点解释:由于气候变化,冬天更温暖了,食物供给也更丰富,比如人们频繁地栽种橡树和山毛榉,或种植更多的玉米,都为野猪带来了更多食物。这些解释,恕我直言,都是无稽之谈。

过去几十年,暖冬出现的频率确实越来越高。温暖,听起来好柔和,谁会喜欢冷冰冰的呢? 大气暖一点对野猪岂不是更好? 气温升高从原则上讲意味着水在冬天就不会结冰了。但天气还是一样冷,因为不管是零下5摄氏度还是零上5摄氏度,对鬃毛动物来说没有太大区别。更关键的是,雪现在变成雨落下来了。湿冷是最难受的,不只是我们人类有这种感受。小野猪更容易生病,死亡率升高。气候变化并没有给这种动物带来益处。

食物供给的增加得益于农业和大自然。所有物种在繁殖数量增多时都要消耗大量食物,到这里为止,前述论点似乎是正确的。仔细一了解才发现,一年中只有少数几个月饲料台才被摆得满满的。在乡间,夏末到秋收的日子饲料比较富余,那之后就是望不到头的空白了。在森林里,靠着橡树和山毛榉,也就每3到5年才能有一次果实丰收的兆头。

树上的果实到12月底就被消耗光了,那时连这一食物来源也中断了,野猪不得不靠囤积的脂肪过活。到了早春,野猪连脂肪也燃烧完,田野间再也没有能借以维生的东西了。不仅如此,橡树和山毛榉的果实也不是每年都有的。气候、农业和林间的果实对这期间持续增加的动物数量来说几乎没有影响。动物数量迅速增加的真正原因在于猎人的行为:尽管他们也大声抱怨不断增长的野猪数量,却整年都在森林里隐蔽的地点投食,只是为了有足够的猎物供其捕捉。每只被射杀的野猪生前平均需要消耗130千克玉米粒。有这么多饲料，人们可以将这些动物圈养得肥肥的。针对野猪数量增长的唯一有效措施是禁止喂食。然而相关的倡议却总是在强大的狩猎集团的影响下无果而终，这些集团成员们在所有州议会都身居要职。作为花园主人，你只有一种选择，那就是给你的地盘装上一道深入地下的坚固的金属栅栏。

除了野生动物数量增长迅猛之外，还有另一个原因导致城市里的狐狸、狍子和野猪越来越多，那就是塞伦盖蒂效应。你参加过非洲的狩猎远征或是在电视上看到过这类活动吗？当地国家公园的动物有一个典型特征，那就是信任人类，对人毫不设防。在那儿人们可以在几米远的距离开着吉普车经过狮子、大象、斑马或羚羊身边，完全不会因此打扰到这些动物。然而这种和谐安宁的田园风光在越过国家公园边界不久后就消失了，而且我们在这里观察到野生动物的概率要小得多，原因很简单：国家公园之外存在着或合法或非法的狩猎行为，所以动物们在保护区界外对人类抱有恐惧。这一效应同样作用于中欧，那里的人们也不会常常在散步时碰到鹿或者狍子。很多地区每平方千米有50到100只动物，所以你平均散步15千米应该可以观察到数百只动物。实际情况当然不是如此，而原因只有一个：捕猎。因为我们的野生动物永远都被猎人窥视着（仅在德国就有35万人持有打猎执照），所以一直处在恐惧和惊吓中。野生动物努力让自己的行为完美适应人类。虽然像狍子和鹿这样的动物为了充分消化摄取的植物，整个白天必须分次进食，但只有在晚上才会从森林或灌木丛中钻出来。因为曾经痛苦的经历告诉野生动物，直到黄昏时都有被射杀的可能，只有天色完全暗下来，枪声才会停止，它们才能不受打扰地在草地上觅食。这些动物白天就躲在森林里的隐蔽位置中，饿了就吃落叶树的芽或叶子，有时为了填饱肚子甚至去啃树皮。

现在回到你的花园。这儿就相当于一个小型国家公园，因为居民区是不允许打猎的。但一个花园还是太小了，野生动物不会注意到这里还有一个小型自然保护区。多个建筑聚集，或者干脆一整个街区相对来说就非常显眼了。狍子和野猪一旦认为你和你的邻居一点都不危险，就会慢慢改变自己的行为。就像在塞伦盖蒂一样，放松警惕的狍子和野猪在白天会重新活跃起来，再次回到原本的生活规律中。它们倒也不会很快变得像国家森林公园的动物一样温顺，因为我们的花园终究还是太小。要把一个地区的野生动物都收容其中，提供一个没有狩猎的生活环境，这么点儿地方远远不够。一旦一只动物产生了不好的体验，它的不安情绪就会感染到其他同类，其他动物也会变得更难以信任人类。不管怎样，白天还是多留意一下吧。

为了跟这些野外来的客人更亲近一些，有的花园主人会定期播撒一些苹果或谷物。喂养鸟类的意义我们已经讲过了。但从根本上讲，野生动物不应该习惯与人类相处，因为太过亲近会让双方都不舒服。对野生动物来说，与人类过分接近会有一定危险，而对此它们并不能足够快速地做出反应。汽车、除草机或有狩猎天性的宠物往往会给野生动物造成威胁，而它们意识到危险时已经太晚了，以至于亲近人类的松鼠、鸟类或狍子为它们的好奇心付出了生命的代价。

另一方面，这些被喂养的朋友也会给别人造成困扰。我之前的邻居就拿花生喂养了一些松鼠。这些穿着棕红色外衣的小矮子整天出现在起居室通向花园的那扇大玻璃门旁。如果熟悉的时间点没人在家，或者我的邻居回应得不是很及时，这些不耐烦的客人就用它们的前爪挠门。那种声音会让人很烦躁，而不久后门框也被彻底抓坏了。邻居夫妇曾希望我们一同喂养这些可爱的小东西，听说了前面这件事后，我们便婉言谢绝了。

一聊到喂养和照料野生动物，我就总是摇摆不定。一方面我们人类对自然的干涉已经够多了，不该再把这当作闲暇时候的消遣。另一方面人们只能保护他们喜爱的动物。除了亲自照顾看护，人们还能以什么更好的方式去关爱这些动物呢？在这个意义上，我认为把野生动物当作宠物来饲养，好过用食物把它们从野外吸引到你的住处。这两种做法的区别是：家养动物对大自然没有什么影响，它们待在人类身边，能和人类一起度过一段难忘的时光。被喂养却生活在野外的动物改变了它们的习性，生存技能被严重削弱，因为它们已经习惯了人类的"社会援助"。

谁会反对驯化的（高智商的！）乌鸦和松鸦呢？眼下法律条文中仅有禁止饲养这种常见物种的规定。捕杀它们是被允许的，而且饲养极其濒危的外来物种，如鸟、鱼和蜥蜴等也是合法的。虽然你必须拥有监管证书才能这么做，但在这些物种的原生地热带，非法捕猎已然司空见惯。

· 被遗弃的动物幼崽

　　大多数花园主人都会在某一时刻经历这样的场景:去花圃种点生菜或者稍稍松一下土,却赫然发现两只圆溜溜的眼睛正往上瞅着。这通常是从鸟巢里掉落的幼鸟,它们这会儿唤起了我们的同情心。人总是一腔热血地帮忙,但这对幼鸟来说是危险的,因为它们不一定真的需要帮助。

　　几个月前一位老者就给我带来一只小鹰,它当时坐在野地里,看上去很无助,而屹立在它头顶上的巢穴里的兄弟姊妹正在呼唤着它们的父母。其实这只幼鸟已经被赋予成年鸟类的自由,就快独立了。

　　当我建议将这只小鹰重新送回林子里那棵树下时,找到小鹰的那个人显得非常失望。我猜他会觉得我是个没同情心的粗人,然而这种做法正是对动物最恰当的救助:几天后我去查看被找到的幼鸟情况如何,看到它正坐在树墩上,撕咬一块带着骨头的肉,这块肉可能是它的父母带来的。用餐完毕,它拍了拍翅膀,飞向空中,飞往下一个树冠。

还有一次我碰到了一只小狍子。孩子们在一片草丛里发现了小狍子，带它回了家，而他们的妈妈给我打了电话。她对着这只狍子手足无措，希望我能去把它接走。孩子们不记得发现这狍子的具体地点，所以将它送回去是不可能的了。

一只被留下的狍子并不需要帮助，它的母亲其实就在附近觅食。

我真是有点生气了。我以为起码农村人应该清楚"永远都不可能捡到一只被遗弃的狍子"这一点。成年狍子把它们的幼崽单独留在林子周围，自己去觅食时，它们会不时地回来，给幼崽哺乳，然后再次离开。幼崽只有会跑了以后才可以寸步不离地跟着妈妈。

当时,我站在一个弱小恐惧的动物宝宝面前,亲眼看见所有用奶瓶去喂食的尝试都以失败告终,那个小东西就这么饿死了。

我在小时候就养大过鸟、兔子,后来还有貂。有时候我能救下那些幼崽,有时候不行。因此我宁愿出手之前多考虑一下。这里有些简单的规律,你在将动物幼崽带回温暖的小屋之前不妨参照着观察一下。

针对鸟类有如下规则:你找到的幼崽越大,它就越不需要帮助。如果幼崽的羽翼已经很明显,并且跑起来没问题,那几乎可以确定它是被父母细心照料着的,即使它光顾了距离巢穴很远的你的花园。如果幼崽身上还覆盖着胎毛甚至是光秃秃的,那它在地面是不能存活的。你能提供的最急需的救援,应该是寻找它的巢穴。也许你可以把这个小动物直接送回窝里——不用担心:人类的气味不会让它的父母中止喂食。如果这个方案不可行,那你要么自己喂养这只幼崽,要么把它交给相应的机构。此外,你在网上也能找到合适的救助点。

引起很多动物保护者特别注意的是刺猬。在我们的花园里,刺猬是与自然亲密接触的一个特殊表现,因为它们体型相对较大,未驯化,却又是不具有危险性的哺乳动物。如果你要喂养在你看来不足重的小刺猬或者被父母遗弃的刺猬宝宝，那需要注意的准则实在太多了，我还是建议你在专家的指导下做这件事。你可以询问你们当地的兽医、自然保护专家，也可以翻阅文献或在网上搜索相关信息。

对哺乳动物来说，如果不确定它的状况，那么你可以采取一个简单而激进的方法去帮助它们：把小动物留在发现它的地方。小动物的母亲往往就在附近照料幼子，让它学着独立。如果小动物明显很瘦弱，而且它的妈妈几个小时都没过来，那你就可以试着去帮助它了。然而这种情况下人们常常会失望，因为这类被遗弃的动物孤儿一般患有疾病而且很快就死了。

另一个重要方面也不容忽视：动物之所以有这么多幼崽，是因为自然的选择冷酷无情，只有强壮、健康的幼崽才能存活下来。我们将那些遗失的幼崽养大，无形中可能弱化了当地这一物种的群体。虽然听起来很难理解，但这样的救助的确常常适得其反。

只有在一些特殊情况下，你应该出手相助：当幼崽的母亲不幸遇难或者不见踪迹时，或当幼崽显示受伤迹象时（此时当然应该连成年动物一起救助）。

如果你想帮助动物幼崽，最好的方式永远是给它一座自然装点的花园，在那里有许多小生态环境，耕种过程无化学物参与，清扫得也不总是那么彻底。这样的花园提供了最好的环境，让很多动物幼崽能安然度过第一个年头。

在一个自然装点的花园里，大、小刺猬都安然自得。

Chapter 12

全身心地感受

声音、味道、触觉——所有这些，夜晚的花园都
能奉上。尽管一切都保持着原样，但夜晚的风景却给
了我们一个不一样的世界。

到目前为止，我们了解的这些自然现象只是一些例子。你的花园
里有上千种生物可以观察，只等着你去发现它们。比如猛禽的存在会
在鸣禽群体里招致一股反抗的浪潮，或是雨水将至时空气的味道会改
变。比感知这些过程更重要的是感官变得更敏锐，能够发现更丰富的
多样性。因此我想更详细地谈谈我们身边的这些"工具"。

· 在夜间也有很多看点

　　人类是一种"视觉动物"。我们的视觉比听觉或嗅觉发育得更好。对于原始人类来说，开阔的视野也同样重要，因为与声音和气味相比，目光可以到达好几千米之外的地方。无论是敌人还是食物，你都可以提前发现。

　　远眺是植根于血液的人类行为，我们据此构建了周遭环境。过去被树木遮住视线的黑暗丛林，如今是一望无际的草原。农田和草地延续了远古时期的风格。只有草、小麦、玉米或大麦的物种组合是偏离自然的。我们带有草地的花园也反映了存在于微观世界中的这种向往。遮挡视线的树篱或交织的栅栏与远眺的追求并不冲突，因为它们限制的不是我们，而是邻居们的目光，邻居们理应尽可能少地分享我们的私人空间。

　　眼睛只能记录下一束狭长的电磁波，也就是我们所说的"光"。每当黑暗来临，我们就能知道视觉对自己有多大的影响。黄昏时，我们的色觉会首先消失（"夜里的猫都是灰色的"）。光的照度低于0.1勒克斯的时候，我们就几乎看不见东西了——而相较之下，日光明亮时光的照度是100000勒克斯。

黑暗环境中缺少的只是光亮。其他感官仍然可以接收信息。声音、味道、触觉——所有这些，夜晚的花园都能奉上。尽管一切都保持着原样，但夜晚的风景却给了我们一个不一样的世界。如果我们独自一人，灌木丛中还窸窸窣窣地响，就很容易感觉到一丝不适。这让我们知道，视觉是如何发挥主导作用的，而失去光明会让人多么恐惧。

即便视觉没有问题，我们也可能觉得周围环境很暗。这主要发生在冬天的室内。

当你的室内植物嫩芽过长或有黄叶的时候，它们就是在给你传递最佳预警信号。这说明室内空间光照不足，而这也会影响你的健康。如果光照强度长时间低于2500勒克斯（相当于在一个阴暗的冬日，户外花园获得的光照），就可能引起所谓的冬季抑郁症。一直待在光线差的屋子里就相当于一直生活在冬天中。为预防这种情况，你应该注意配置亮度足够的照明，即使天气不允许，也要定期到户外去。

说到照明，因为喜欢亮堂，我们就把居住区的黑夜变成了白天。

除了在冬天确实能促进健康的室内照明之外，室外也是整夜灯火通明。除了能源消耗之外（仅在德国，照明每年就要消耗30亿到40亿千瓦时的电量）这些光照洪流还给环境带来了其他问题，因为夜晚照明即人造光源会污染空气。你可以亲自验证这一点：在晴朗的夜空下，待眼睛适应后就能看到银河，但只能在农村看到银河，因为城市始终笼罩在废气和水蒸气构成的一片污浊中。

路灯和霓虹灯的照射形成这团迷雾，让房屋上空笼罩着一层朦胧的光线。银河发出的微光被这层光雾吞噬。星星的光芒更为微弱，也湮没其中。在农村你可以裸眼看到差不多3000颗星星，在城市里连1000颗星星也看不到。这对环境来说当然不是什么问题，"只不过"夺走了我们的一份自然享受，但在一些动物眼里，街灯和花园里的照明却会威胁生命。比如飞蛾在飞行时依靠天体来辨别方向。为了导航，飞蛾们会跟月亮保持固定角度。因为距离地球很远，月亮似乎在飞蛾前进时始终与它们的飞行路线保持相同角度。这样一来，夜空飞行就易如反掌了。理论上是这样的，因为我们那些漂亮明亮的灯光也足以为这些小飞行员们照明。这两种光源的重要区别是：飞蛾飞过人造月亮时，人造月亮不是在它前面，而是在它后面。此时显现在这些昆虫面前的飞行路线不是笔直的，而是弯曲的。飞蛾改变了方向。为了继续和人造月亮保持平行，它们逐渐陷入光源周围的环形轨道。直到最终撞到灯上。飞蛾无法逃脱灯光。因为不管它们往哪儿飞，人造月亮总是奇怪地一直在它后面。长时间如此晕头转向，飞蛾终会因精疲力尽而死。有些地方的机灵鬼儿们已经适应了这种情况。正如在温暖的夏夜，我们可以看到蝙蝠沿着街灯像巡逻一样地飞行，而飞蛾和另外一些飞虫只会无助地绕着灯兜圈子，后者往往轻易丧命。

出于这个原因，如果可能的话，你应该在天色暗下来、灯光在室内亮起时，立刻合上百叶窗。我就曾经看到过路灯处的这些惨状在我的卧室窗玻璃上反复上演，有时甚至连蝙蝠也一起造访。花园里的持续照明也是一个道理，就算你很浪漫，可不可以也稍微妥协一下，只让灯亮几个小时呢？为了沿路的安全，照明几个小时也足够了，当最后住户们都入睡时,尽管让它黑着就是了。这样的观点下,那些彻夜通明的太阳能照明便不是首选。

埃克赛特大学的英国学者经研究发现,夜晚车灯照明会影响其照射到的锥形范围里地面上的物种构成,而且这种影响是持续性的。他们证实,像蜘蛛和等足目这种小型食肉或食腐动物白天会在这片区域频繁出现。这对生态系统会有什么影响,还需继续调查。

如果花园里光线暗,那在6月底7月初,你就能欣赏到一出特别的剧目:萤火虫之舞。萤火虫是萤科昆虫,后腹部有几节可以发光,它们以此来吸引异性。看到飞动的光点,你就知道这是那些在空中翻跶的小伙儿,还有那些在地面同样自带光芒的小姑娘。因为雌性萤火虫不会飞,所以你可以在夜间很清楚地区分萤火虫的性别。参演这出剧目的有两批演员:大型和小型萤科昆虫。

在夏末午夜后的几个小时内,你可以观察到短翅萤科昆虫。跟前面提到的那类萤火虫不同,短翅萤科昆虫只是在灌木丛和树叶间短暂发光。即便如此,减少你花园里的人造光源也是很值得的,因为这样就不会打扰到正在求偶的小家伙儿啦!

自从我习惯晚上只在紧急情况下才开灯后,总会遇到各种惊喜。

有一次我去遛狗，正走在车道上，几次听到很响的噼噼啪啪的声音。我隐隐约约看见一只大鸟在我们头顶盘旋——在暗夜里这样出现的鸟类只可能是猫头鹰了。后来我在办公室查阅百科全书，知道了交尾期的长耳鸮也会在飞行中发出这么大动静。

如果你常在晚间出去走动，很快就会发现，你能在花园里发现的有趣现象，比你之前预想的要多得多。

在6月末晚间散步特别值得，那时萤火虫正为了求偶而发光。

· 香气信号

我们是视觉动物，没错。当然，这并不意味着我们的其他感官就一无是处。然而，现代化的信息洪流使我们各感官之间的差异变得更加明显，因为我们在通过电视或互联网接收信息时需要用到眼睛，但是用不到其他感官，比如鼻子。你可以在周围的环境中闻到很多气味。近几年，关于植物王国的研究取得了一个开创性的进展，即绿色植物会说话！当然，不是用嘴巴来说话，因为它们根本没有嘴巴，而是使用一种弥漫在花园里的芳香信号来传达信息。动植物之间通过气味来交流这个结论是老调重弹了。显花植物的香气是对昆虫的一种芳香邀请，邀请它们来采蜜（和传粉）。植物在有针对性地挑选昆虫。万寿果（或印度香蕉）用它们漂亮的紫花来吸引苍蝇，它们的花会释放出像腐肉一样的恶臭；而我们本地的果树更喜欢蜜蜂，确切地说是用它们的香气迎合蜜蜂的口味。这种合作方式和交流方式已经有几千年的历史了。新的观点是植物之间也在热情地交流着什么。在虫害来临前，树会通过释放出一种化学物质作为求救信号来互相警告。这种物质能促使相邻的树将抗体储藏在树皮里。研究学者以此为出发点,认为绝大多数的植物都能相互理解。

这种探索发现之所以值得重视,存在诸多原因。一方面它消除了我们人类任意划分的动植物之间的界限。现在植物也拥有感受的能力,也能体会疼、饿或者渴。另一方面,通过这种探索,我们明白了,大自然里还有很多很多未知的过程不能被我们往常相当粗糙的诠释方式所解读。

让我们重新回到花园。就算嗅觉很好,你也会混淆一些品种。我们就说玫瑰吧:除了颜色之外,玫瑰的香气也是我们在挑选花朵时的参考。这时花园里响起那个声音:选我呀!带我走吧!当然我们也可以用科学的方式很理性地描述这整件事:某些品种被认同,是因为培育者选择了市场青睐的那种香气。这种科学解释与之前那种带有感情色彩的说法无异,但听起来更有道理。我们只是习惯了不在描述某项事实的时候倾注太多情感。可是倾注情感究竟有何不可呢?用我们自己的语言去翻译植物语言,把香气翻译成一个直接的请求,其实更接近信息的本质啊!

如果植物在压力下可以释放警示信号,那你种植在花园里的那些样本也可以。环境一旦有异样,这些寄宿生就觉得不舒服,这时草、树和灌木上就充满消极的气氛。或者恰恰相反,如果植物被摆放在合适的位置,水和养料都供应充足,它们觉得很舒服,那么压力信号就无影无踪了。

我们在这样的花园里感觉格外惬意，这只是偶然吗？没人能很好地解释这一点，但说不定是我们的嗅觉给了潜意识一个信号，告诉我们的大脑这是一个完美的生态系统呢？花园里的一切都怡然自得，尤其是各种生命都自在地成长。

　　我们的花园里也会飘着一些完全不同的"香气"。比如猫会在汽车、花盆或篱笆桩旁给同类留下难闻的警告信号——别抢我的地盘。其他一些哺乳动物，比如貂、狐狸或老鼠，也会积极地在这些气味组合里面插一脚。

　　还有很多气味等着你去发现。在炎炎夏日，针叶树下有辛辣的甜香（这是针叶的芳香脂发出的气味）；雨后地上的菌菇会释放出的潮湿霉味；到了秋天，橡树会散发出像美极酱汁似的气味——我们只要对这些多样的气味信息敞开怀抱，就能在花园里获得比双眼所见丰富得多的感受。

· 鹤鸣和其他美好的声音

　　与嗅觉类似，我们的听觉发展也相对较弱。应付相对比较吵闹的人类之间的交流，我们的听觉已经足够了。同类的声音我们也能听出很多。一个最好的例子是鸟类的歌声：很多鸟类只能根据叫声来辨识，因为这些害羞的家伙在被我们看到之前早就躲进树冠里去了。那些能跟你打个照面的鸟儿，总是很快地从你的面前一闪而过，你根本来不及清楚地辨认。有的鸟儿看上去像只普通的斑尾林鸽，实际却可能是极其罕见的欧鸽。这两个品种体型一样，羽毛都是灰色，而且都有鸽子的典型特征。欧鸽没有白色的颈圈，它的颈圈为蓝绿色。如果鸽子在树间飞行，你根本无法辨识这种微小差异。然而，斑尾林鸽和欧鸽的鸣声却截然不同，我们一听就能辨识出从我们面前飞过的是哪种鸽子。斑尾林鸽的叫声为咕咕粗声，而欧鸽只会发出简短的咕声。我就是凭借这种稀有鸟类的鸣声发现欧鸽的，它们喜欢栖息在啄木鸟留下的树洞里。在夏日，我每天都会去森林里散步，但迄今为止仍然无法通过肉眼准确辨识出哪种鸟是欧鸽，只能通过声音认出它们。

除了鸟类，还有其他很多物种使用叫声来引起注意。我们从最小的哺乳动物说起——老鼠。我们总是能在长得高高的草丛里听到老鼠尖锐的吱吱声。虽然这叫声不是特别响，但对狐狸来说却够了，狐狸会被这首奏鸣曲吸引，一听到这个声音，它们就知道可以大开杀戒，美餐一顿了。

狐狸则是因为一种沙哑、高亢的鸣叫声而暴露踪迹。这声音听着有点像哀嚎，但是只有短短两秒。因为这类捕鼠高手经常出没于住宅区，甚至出现在大城市的中心地带，所以如果你在寂静的夜晚侧耳倾听狐狸的叫声，说不定还真有什么发现呢。

多年以来，你的听力，准确地说是你的大脑一直在帮助你辨认自然界中的声音。你的思维器官会从不计其数的环境信息中（完全主观地）挑选出对你来说重要的部分，并且让它变得更加响亮。对我来说，这重要的声音就是鹤鸣。这种每年两次在迁徙期间掠过我屋顶的大型鸟类，为我构成了一个完整的自然图景。有时它们呈一列编队飞过，离我们的屋顶还不到100米高，那时我甚至能听到它们翅膀振动的声音。

这特别的鸣叫声在我的脑海里留下深深的烙印，以至于即使鹤鸣声还很微弱，我也能从很远的距离外听到。去年秋天，我甚至在房间关着窗还开着电视的情况下听到一队鹤飞过的声音。你最好自己去发现花园里你最爱的声音是什么：是傍晚乌鸦的歌唱、篱笆下刺猬的簌簌作响，还是灌木花圃里野蜂卖力的嗡嗡声……可以听到的声音很多，值得惊奇的声音很多，而不只有令人不快的汽车和飞机的噪声。

冬天来临，白雪覆盖了所有的声响，在这特别的时刻，世界也终于变得一片寂静。这对我们训练有素的听觉系统来说也是一份切实的体验，毕竟在我们拥挤嘈杂的环境里，这样的寂静时刻少之又少。

Chapter 13

回归大自然

我希望我们所有人都能重新发掘出隐藏在我们现代化生活表象下的敏感度和观察力。
　　当我们全方位地感受这个世界时，就会发现世界正在变得越来越大。

　　不要担心，我并不是建议你对你的花园放任不管，在我看来，花园最终能够实现人类与环境的和谐相处。然而，这种妥协不是双方必须无条件遵守的协议。因为大自然无法与你对话，而你作为花园的主人，才是制定规则的人。尽管这可能是一件公平的事情，但是大自然仍然不断想要占领主导地位。

　　一个绝妙的例子就是草坪。就算你能容忍草本植物和苔藓在草坪上肆意生长，也得让它保持适当高度，定期修剪。要是放任不管，马上就会出现一片1米高的草地，越来越多的小树在其中生根发芽。最终等到遥远的某一天（大概100年后），又一片森林出现在你的地盘上。你可以使用割草机来修剪草坪。只不过你现在需要考虑怎样执行你的想法。你想把草割得短短的？没门儿，讨人厌的苔藓总能长得到处都是。这倒也不足为奇。因为你为苔藓的生长蔓延可出了不少力。你在割草的同时其实也清除了营养成分，导致土壤逐年贫瘠。这就给了易生长的苔藓可乘之机，因为它们即使在光秃秃的石头上也能自在生长。每运走一车草坪生物，苔藓遭遇生存竞争的可能性就降低了一些。现在只差勤劳的草坪爱好者们给这片绿色再喷上点湿气，那就再没有什么可以阻挡苔藓蔓延了。

现在有一些方法可以去除这些讨厌的地面植物。定期施肥可以促进草坪生长，让它重新肥沃起来。此外，你需要清除枯草层，松土通风，除去草坪上的苔藓。不过所有这些方法都只有坚持下去才能奏效。还是那句老话说得好："花园离大自然越远，就需要越多的精力和金钱来维护。"我跟苔藓达成了妥协，它们可以在我家恣意生长。所以我也省了些维护草坪的功夫，除了修剪的工作再无其他。即便是割下来的青草，我也任由它留在草地上（没几天就被蚯蚓处理掉了）。而且，光着脚丫走在青苔上可太舒服了。

大自然会用各种微妙的方式重新占领草地。这里的提示词是"木头"。露台和水桶、桌子和长椅、栅栏和棚屋都能用木头这种神奇的自然建材制造而成。然而，从你干完这些木工活儿离开的那刻起，一批不速之客就已经悄然开始努力拆除这些装置了，它们就是侵蚀木制品的菌类和昆虫。对这些生物来说，在倒下的树木还是公园长椅里筑巢无关紧要，木头终究还是木头。决定性因素是湿度。和花园植物一样，菌类也需要一定的水分才能生存。木材达到25%的湿度，菌类就会活跃起来，在这些花园建筑上交织蔓延。这些真菌大致分为两类：褐腐菌和白腐菌。它们侵害木材的不同部位。纤维素和木质素是构成木材细胞壁的主要成分，它们的工作原理与玻璃纤维塑料的合成原理非常相似。纤维被坚硬的木质素包裹着，这使得细胞结构坚硬而富有弹性。

如果木质的花园家具被放置在草地上，真菌就可以畅行无阻了。

白腐菌专门攻击木质素，将其吞噬，留下白色纤维状的纤维结构。褐腐菌恰恰相反，它们的猎物是纤维素，木头被这种真菌侵蚀后因为残留下的木质素而变成褐色，并且枯萎成粉状。

当然你也可以让这些真菌食欲全无。最重要的一点就是保持木头干燥。木材湿度低于25％时这些入侵者就会失去活性。相较之下，那些被放置在室内，比方说用作家具的木材，一般湿度都在12％以下。只要有一方屋檐遮蔽，露台上的木材湿度就能保持在20％以下。这种抑制真菌的方法被称为"建设性木材防护法"。如果花园里的家具偶尔受潮，将它们移到房顶下晾干，也可避免真菌侵袭。但如果把这些木制品放在草地上数周之久，它们就会遭到真菌攻击，而且不断从底部被侵蚀。因为在潮湿的土壤上，木制品会像麦秆一样从地里汲取水分。难怪真菌在这儿会如入无人之境了。这场战役可以在几分钟内告捷，因为空气中的孢子比我们一直以来预想的都要多。美因茨的学者发现，每立方米空气中活动着1000到10000个孢子。也就是说人每呼吸一下就有差不多10个孢子进出。因此，木头往往在被放到花园之前就已经被感染了。

如果你不想使用化学方法，也不想使用防护涂料，那就必须让木材保持干燥，消灭真菌，这样才能保证木材能够安全地存放几百年。

对付害虫差不多也是如此。害虫侵袭木头,在表面或者内部产卵。幼虫们钻空木头里的细胞结构,因为那儿有糖分残留。不过,吃的有了,喝的也不能少。对这些新手来说也是如此。一旦环境过于干燥,虫子的后代们就没有安身之处了,你的木头也就不会被蛀出虫洞了。

关于木头的化学防护方法,有一句众所周知的话:给花园家具上漆,然后就可以任由它们在外面风吹雨淋了。这真是一个令人无法拒绝的提议。不过随着岁月推移,涂料会消失,甚至深入内部的那部分也会消失不见。涂层从木材上剥离,经雨水浇灌后将融入土壤。即使在土壤里,这些涂料也能驱散虫子和其他微生物。所以你要么给家具刷一层防护漆(如果只是为了外观好看),要么就选一些耐用的木头。耐用的木头本身就带有防剥落的保护层,即使在潮湿环境下也能存放很多年。橡树、落叶松、花旗松或者洋槐就是具备这种防护能力的树木。能够在德国购买到的具备防护能力的外来树种有柚树和桉树,不过只有那些带有FSC(森林管理委员会,可持续发展林业经济证书)生态标志的树木才能被进口到德国。

最耐用的产品也有生命周期,它们终究会腐坏。你可以看到,百万年来在花园里发挥作用的始终是一些相同的力量,它们几乎从来不被抑制。

我们自身又如何呢？我们已经脱离大自然多远了呢？我们的感官已经荒废了多少呢？人类在这方面的特性往往被拿来跟动物比较：一般来说，我们人类稍逊一筹。好的方面是我们还是有竞争力的，但在听力、嗅觉或感觉方面却被动物甩出很远。我们常常会惊闻狗、猫或鸟类拥有优越的观察能力。这时我们却忘了自己的身体构造也在同样的原理下运作。我们人类生来就是为了适应大自然（而不是办公室或者家里的沙发）的，然而人造的生态系统决定了我们的日常，它让我们忘记了自己在生物学上的起源。

与其说我们的大脑天生就懂如何操作计算机或者开飞机，不如说这也是我们感知这个世界的重要方式。我们凭借大脑来锻炼自己的感官，通过模仿其他类型的感知力让它们变得更加敏锐。

在这里，我并不是主张大家放弃现代化的生活方式，回归原始社会。我很喜欢现代化的生活方式。更确切地说，我希望我们所有人都能重新发掘出隐藏在我们现代化生活表象下的敏感度和观察力。因为使用这种能力能让我们在家门口或花园里获得激动人心和轻松愉快的大自然体验。当我们全方位地感受这个世界时，就会发现世界正在变得越来越大。从这个意义上讲，我希望诸位收获很多新的认识，了解这个广大的世界。